U0347566

新型建筑工业化创新与应用

主　编　龙莉波

副主编　郑七振　马跃强

同济大学出版社
TONGJI UNIVERSITY PRESS
·上海·

内 容 提 要

本书为上海建工二建集团新型建筑工业化的科研成果及应用实践的总结。本书首先介绍了预制夹心保温外挂墙板体系,通过研发的"无脚手"建造成套技术,实现了免脚手、免套筒、免抹灰的"三免"目标。通过大量试验研究,揭示了钢筋与超高性能混凝土材料间"直锚短连接"的技术优势,研发了基于超高性能混凝土连接的新型装配式结构体系。为解决地下工程工业化建造中超大尺寸构件的施工难题,研发了钢板桁架双面叠合墙结构体系。此外,书中还介绍了智能灌浆机、高精度测垂传感尺、套筒灌浆内窥镜、可折叠工具化抛网、智能淋水机器人和智能运维管理云平台等智能设备及平台。上海建工二建集团坚持研发新型装配式结构体系、建造技术和专用智能设备,为新型建筑工业化高质量发展提供技术支撑。

本书可供土木工程及相关专业的读者参考,也可供有关技术人员参考。

图书在版编目(CIP)数据

新型建筑工业化创新与应用 / 龙莉波主编;郑七振,
马跃强副主编. —上海:同济大学出版社,2023.9
ISBN 978 - 7 - 5765 - 0748 - 5

Ⅰ. ①新… Ⅱ. ①龙… ②郑… ③马… Ⅲ. ①建筑工
业化-产业发展-研究-上海 Ⅳ. ①TU

中国国家版本馆 CIP 数据核字(2023)第 175695 号

新型建筑工业化创新与应用

主编　龙莉波　副主编　郑七振　马跃强
责任编辑　马继兰　责任校对　徐春莲　封面设计　于思源

出版发行	同济大学出版社　www.tongjipress.com.cn
	(地址:上海市四平路 1239 号　邮编:200092　电话:021 - 65985622)
经　　销	全国各地新华书店、建筑书店、网络书店
排版制作	南京展望文化发展有限公司
印　　刷	常熟市华顺印刷有限公司
开　　本	787 mm×1092 mm　　1/16
印　　张	16
字　　数	399 000
版　　次	2023 年 9 月第 1 版
印　　次	2023 年 9 月第 1 次印刷
书　　号	ISBN 978 - 7 - 5765 - 0748 - 5

定　　价　88.00 元

编 委 会

前　言

　　2013 年以来,国务院持续出台推进建筑工业化的政策。2016 年 2 月,中共中央、国务院发布的《关于进一步加强城市规划建设管理工作的若干意见》提出:"发展新型建造方式,大力推广装配式建筑……加大政策支持力度,力争用 10 年左右时间,使装配式建筑占新建建筑的比例达到 30%。"大力推广装配式建筑,实现新型建筑工业化,推进我国建筑业转型升级和新型城镇化发展进程,助力我国建筑领域碳达峰、碳中和行动。2021 年,《上海市装配式建筑"十四五"规划》中明确提出:"到 2025 年,完善适应上海特点的装配式建筑制度体系、技术体系、生产体系、建造体系和监管体系,使装配式建筑成为上海地区的主要建设方式。"因此有必要针对当前装配式建筑发展中的难点以及上海地区的装配式建筑特点,创新研发新型装配式建造结构体系、建造技术和专用施工设备,破除装配式建筑发展道路上的阻碍,为上海市建筑工业化高速稳定发展提供强大的技术支撑。

　　近年来,上海建工二建集团基于建筑工业化的应用实践,着眼于我国建筑工业化发展中的实际问题,从新材料、新体系、新技术和新设备等方面进行了创新性的探索和研发,并取得了一系列创新成果:2014 年,依托上海周康航拓展基地 C-04-01 地块动迁安置房项目,研发了基于免脚手、免套筒、免抹灰的"三免"目标的装配式建筑建造技术,打造了"花园式"工地;参与研发了国内首创长效保温建筑预制围护体系——预制夹心保温外挂墙板体系(Prefabricated Concrete Thermal Form,PCTF),实现了保温体系与结构同寿命;参与研发了螺栓剪力墙连接技术,实现了剪力墙钢筋免套筒连接;发明了多功能新型安全操作围挡,研发了装配式住宅建筑无脚手建造成套技术,取消了传统施工中的外脚手架,巧妙地利用板块间连接形成封闭围挡体系,绿化、道路等室外工程可与主体结构同步施工。相关技术成果应用于上海周康航大型居住社区示范项目、浦东三林镇动迁房项目等,其中周康航大型居住社区示范项目荣获国家詹天佑奖。

　　现有装配式建筑规范连接构造方式复杂,节点施工质量难以保证,严重制约了装配式结构的发展。上海建工二建集团先后研发了新型装配式建筑结构体系:基于超高性能混凝土(Ultra-High Performance Concrete,UHPC)连接的新型装配式框架结构体系(Prefabricated Construction based on UHPC Short connection,PCUS)、地下工程钢板桁架连接叠合结构体系(Steel Plate connection Double skin shear Wall,SPDW)。2014 年,上海建工二建集团联合上海理工大学、河南工业大学等展开产学研合作,经过大量的试验研究,揭示了钢筋与超高性能混凝土间"直锚短连接"的技术优势,研发了基于 UHPC 连接的新型装配式 PCUS 结构体系。相关研究成果被应用于上海市金山枫泾海玥瀜庭项目、白龙港地下污水处理厂提升项目等。2020 年,为解决地下工程工业化建造中超大尺寸构件施工难题,研究团队研发了钢板桁架双面叠合墙结构体系 SPDW:双面叠合剪力墙+倒 T 形叠合板+UHPC 后浇连接,实现了构件轻量化、节点简单化、施工便捷化,预制构件重量控制在 8 t 内,超大尺寸构件重量减轻了 70%,实现了塔吊垂直运输,有效推进了装配式技术在大型地下空间的工业化应用,该体系已在竹园地下污水处理厂成功应用。

智能化设备赋能装配式建筑高效率、高质量施工。结合信息化、大数据、物联网和机器人等技术,上海建工二建集团工程研究院研制了智能灌浆机、高精度测垂传感尺、套筒灌浆内窥镜、可折叠工具化抛网和智能淋水机器人等专业设备。基于 BIM 开发的装配式建筑智能运维管理云平台对项目进行全过程信息传输、指导和管控,推动了装配式建筑数字化和智能化建设的发展。

本书中一系列科技成果的创新研究和良好示范助力新型建筑工业化的高速发展,对建设资源节约型、环境友好型国际化城市具有重要意义。对于新型建筑工业化,我们要立足实际建设需求,深耕工业化建造科技创新,持续探索新型建筑工业化建造体系、技术和设备,提升项目质量、安全、效益和品质,实现我国建筑业向高效、绿色、低碳和智能化方向发展。

感谢上海理工大学、河南工业大学、同济大学、上海市政工程设计研究总院(集团)有限公司、上海市建工设计研究总院有限公司、上海西派埃自动化仪表工程有限责任公司、同优科建设科技(上海)有限公司、河南城建学院、郑州工程技术学院、上海城建职业技术学院、上海济光职业技术学院、上海建设管理职业技术学院等合作单位的大力支持。感谢工程案例中相关参与单位、管理人员和上海建工二建集团工程研究院的辛勤付出。书中疏漏之处,敬请读者不吝赐教。

目　录

第1章 绪 论

1.1 引言

作为高排放和高能耗产业,建筑业能耗占比正在逐年上升,根据联合国环境规划署的统计,建筑行业消耗了全球大约 50% 的能源,并排放了几乎占全球 42% 的温室气体[1]。中国建筑节能协会能耗专委会数据显示:2018 年,我国建筑全过程能耗总量占全国能源消耗总量的 46.5%,建筑行业上下游的碳排放量占全国碳排放量的 51.3%。随着城镇化的高速发展,建筑业规模还在不断扩大,温室气体排放持续增加,减碳压力巨大[2]。随着 2020 年国家"双碳"(2030 年前碳达峰,2060 年前碳中和)理念和目标的提出以及相关政策的大力实施和推广,作为我国节能减排、实现"双碳"目标的关键环节,建筑业的碳排放量约束和管控势在必行,决定了其不能再走"大量建设、大量消耗、大量排放"的传统发展道路。传统的、手工业的、粗放型的混凝土结构现浇建造方式(图 1-1)具有不可忽视的弊

图 1-1 传统现浇混凝土结构施工

端,容易造成大量的环境污染和资源浪费,不利于资源的高效、合理利用,不利于绿色环保和可持续发展,需要向工业化的、精细化的新型建造方式转变,以适应现代建筑业的产业升级和高质量发展的需求[3]。

装配式建筑是一种新型的工业化建造形式,不但能够显著提高建筑工业化水平,而且低碳环保,符合可持续发展的要求。西方发达国家的装配式建筑已有上百年的发展历史,其相关技术和产业链相对成熟,而我国的装配式建筑在经历了由 20 世纪 50 年代至 21 世纪初的起步期、探索期和发展动荡期之后相对停滞。2010 年,我国关于住宅产业化和工业化的政策和措施不断出台。2013 年 1 月,国家发展和改革委员会、住房和城乡建设部、工业和信息化部等七部门联合印发《绿色建筑行动方案》,明确提出将推广装配化建造方式作为十大重点任务之一,大力发展装配式建筑,提升建造水平,自此,我国装配式建筑进入快速发展阶段。2016 年 9 月 30 日,国务院《关于大力发展装配式建筑的指导意见》指出:装配式建筑是推进建筑业供给侧改革的重要举措,有利于节约资源和能源、减少施工污染,提高劳动生产效率,促进建筑业转型升级。这是我国建筑建造方式从现浇向装配式转变的标志性节点。因此,大力发展装配式建筑是推进新型建筑工业化即建筑设计体系标准化、构配件生产工厂化、现场施工装配机械化和工程项目管理信息化的重要举措,也是贯彻新发展理念、实现建筑业高质量发展的必经之路。

2020 年 8 月,为推动城乡建设绿色发展和高质量发展、以新型建筑工业化带动建筑业全面转型升级、打造具有国际竞争力的"中国建造"品牌,住房和城乡建设部等九部门联合印发了《关于加快新型建筑工业化发展的若干意见》。推进新型建筑工业化与国家推进建筑产业现代化和装配式建筑是一脉相承的。新型建筑工业化是以工业化发展成就为基础,融合现代信息技术,通过精益化、智能化生产施工,全面提升工程质量性能和品质,达到高效益、高质量、低消耗、低排放的发展目标。但是与绿色发展要求相比,目前还有很大差距:一是高消耗,二是高排放,三是低效率,四是低品质,因此必须加快新型建筑工业化,切实解决存在的问题,推动绿色建筑高质量发展。

发展新型建筑工业化是带动技术进步、提高生产效率的有效途径。发展新型建筑工业化涉及全过程、全要素、全系统,如设计标准化、生产工厂化、施工装配化、管理信息化以及智能化应用等。加快推进新型建筑工业化,完善适用于不同建筑类型的装配式混凝土建筑结构体系,加大高性能混凝土、高强钢筋和消能减震、预应力技术的集成应用。推行装配化绿色施工方式,引导施工企业研发与精益化施工相适应的部品部件吊装、运输与堆放、部品部件连接等施工工艺工法。加快新型建筑工业化与高端制造业深度融合,搭建建筑产业互联网平台。开展生产装备、施工设备的智能化升级行动,鼓励应用建筑机器人、工业机器人、智能移动终端等智能设备。新型建筑工业化的发展能够彻底转变以往建造技术水平不高、科技含量较低、单纯拼劳动力成本的竞争模式,将工业化生产和建造过程与信息化紧密结合,应用大量新技术、新材料、新设备,强调科技进步和管理模式创新,注重提升劳动者素质,注重塑造企业品牌和形象,以此形成企业的核心竞争力和先发优势,如图 1-2 所示。

图 1-2　新型建筑工业化无脚手建造

　　装配式混凝土结构(Prefabricated Concrete，PC)在我国当前的建筑结构中占据主导地位，覆盖范围广，其主要结构体系分为框架结构体系、剪力墙结构体系和框架-现浇剪力墙结构体系。相比现浇结构，PC 结构具有以下优势[4]：工业化程度高，结构性能好；耗材少，节约成本，节水节地；环境污染小，减少建筑垃圾，绿色环保；劳动力资源投入相对减少；机械化程度明显提高，保证施工质量，有效缓解了操作人员的劳动强度；可有效解决门窗等防渗漏问题；施工速度快，受气候影响小，可缩短建筑施工周期。随着国家政策的大力推动，装配式建筑迎来了快速发展期，如图 1-3 所示。2021 年作为"十四五"开局之年，全国新开工装配式建筑面积达 7.4 亿 m²，约为新建建筑面积的 24.5%，较 2020 年增长了 18%，其中重点推进地区新开工装配式建筑占全国的比例为 52.1%。

　　目前，我国装配式混凝土结构的成本相对现浇结构的成本较高，建造效率较低，亟须从装配式结构体系、施工工法和施工设备等方面进行优化设计和创新研究，提高装配式建筑的标准化、规模化和产业化，最大程度地从各个层面降低建造成本，提升建造效率，满足大规模装配式建造的市场需求，这才是新型建筑工业化的目标。装配式结构体系应从建筑与结构设计、节点连接技术、施工技术、设备研发、应用示范等多个角度进行创新与优化，对装配式结构体系设计理论和施工关键技术进行进一步创新、丰富和发展。

　　装配式混凝土结构的质量主要取决于连接节点的质量，目前，装配式混凝土结构主要采用竖向钢筋套筒灌浆连接、边缘构件现浇的技术处理，节点区钢筋布置复杂，混凝土浇捣困难，施工效率也较低，而且灌浆质量也缺乏有效的管控办法，因此难以保证节点核心区的施工质量，为装配式结构的质量埋下隐患，因此，有必要研发对套筒灌浆的施工过程和质量能进行有效检测和管控的新型智能化设备和方法。当前，尚缺少其他能够提高节

图 1-3　全国新建装配式建筑面积及占比变化

点质量和施工效率的新型装配式节点连接技术体系,或者能够代替套筒灌浆等湿作业技术,从而实现"免套筒"的新型装配式施工工艺。针对装配式建筑的施工技术,如何实现装配式建筑无脚手建造技术、免抹灰技术等,仍是工业化建造方式研究的重点。采用预制墙板保温夹心技术,避免外墙外保温技术使用过程中保温层空鼓、开裂、脱落等质量问题,充分发挥装配式建筑集成优势。以实现装配式建筑"两提两减"(提高质量、提高效率、减少人工、减少环境污染)目标为导向,上海建工二建集团依托上海市科委课题和工程实践开展产学研攻关,研发了系列装配式领域的新技术和新设备等,形成了系列装配式创新结构体系,在工程应用中取得了良好的社会效益和经济效益。

基于上海市周康航拓展基地 C-04-01 地块动迁安置房项目,首创的长效夹心保温建筑预制围护体系,即预制夹心保温外挂墙板体系(Prefabricated Concrete Thermal Form,PCTF),其保温层与墙体同寿命,形成了全生命周期的保温体系。门窗与外墙在工厂同步预制完成,外墙预制板连接采用"有机+企口+材料"三道防水工艺,杜绝了建筑外墙渗漏的通病;创新应用了"三免"技术,即免套筒灌浆钢筋连接技术、免脚手架建造技术和免抹灰施工技术,减少了现场湿作业,降低了材料消耗和施工成本,有效保证了施工质量,大大提升了施工效率,实现了花园式工地;应用 BIM 信息化建造技术赋能装配式建造,有效保证了装配式建筑的施工进度和施工质量,如图 1-4 所示。

在节点连接质量控制方面,通过引入超高性能混凝土(Ultra-High Performance Concrete,UHPC)实现了钢筋高效直锚短搭接,将传统的 $35d$(d 为钢筋直径)的长搭接缩短为 $10d$,并经过构件试验验证了基于 UHPC 后浇的钢筋直锚短连接的预制构件性能可等同于现浇结构,并首创了"节点预制+构件预制+连接处 UHPC 后浇"和"构件预制+节点处 UHPC 后浇"的新型装配式框架结构体系(Prefabricated Construction based on UHPC Short connection,PCUS)、竖向和水平结合面 UHPC 后浇的新型剪力墙体系、经过室内试验和现场原位试验,验证了其性能可等同于现浇结构,并在上海市金山枫泾海玥瀜庭项目、白龙港地下污水处理厂提升项目中得以成功应用,如图 1-5 所示。鉴定专家组委员会给予"基于 UHPC 连接的 PCUS 原创结构体系"充分肯定,技术成果达到国内领先、国际先进水平。研究成果获得上海市技术发明奖二等奖、河南省科技进步奖二等奖、华夏建设科学技术奖二等奖等,丰富了装配式建筑的结构体系创新。

图 1-4 基于"三免"技术的 PCTF 装配式结构建造技术

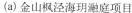

(a) 金山枫泾海玥瀜庭项目 　　　　　(b) 白龙港地下污水处理厂提升项目

图 1-5 基于 UHPC 连接的装配式框架结构体系

在上海市竹园地下污水处理厂四期工程中,研究团队创新研发了钢板桁架叠合剪力墙和倒 T 形叠合板、剪力墙底部水平节点 UHPC 后浇的钢板桁架连接叠合结构体系(Steel Plate connection Double skin shear Wall, SPDW),既提高了施工效率,使得工程如期完成,又保证了施工质量,有效提升了项目的经济效益和社会效益,得到监理、业主、公司及上海市相关部门的一致认可。实施过程中上级管理部门及相关单位多次考察了项目,项目取得了业界同行的高度评价和积极的社会反响,如图 1-6 所示。为了提升装配式建筑的质量控制、安全控制和施工效率,依托智能化和数字化技术研发的系列的新型工业化建造设备和管理平台,可有效助力装配式建筑的智能建造,显著提高了新型建筑工业化的建造水平。

图 1-6 基于 UHPC 连接的钢板桁架叠合剪力墙体系

1.2 新型建筑工业化创新技术

1.2.1 节点连接创新技术

装配式结构系统是保证装配式建筑质量和安全的关键,其中,节点连接施工的方法和工艺对于装配式建筑的整体性尤其重要,节点连接包括预制构件之间的连接以及预制构件与现浇混凝土之间的连接。装配式混凝土结构常用的预制构件连接方式包括钢筋套筒灌浆连接、浆锚搭接等[5]。其中钢筋套筒连接灌浆施工工艺要求高,质量难以控制,施工过程中易出现灌注不饱满的问题。钢筋浆锚搭接由于锚固材料强度的局限性以及与钢筋间的握裹力不足,通常钢筋搭接长度较长,因此规范设置了较多限制使用条件。因此有必要针对装配式结构的节点连接开展更为深入的研究和创新,在达到"预制等同于现浇"要求的同时,降低现场的施工难度、提高施工效率,从源头上突破装配式结构的推广瓶颈。

超高性能混凝土是近三十年内发展起来的一种新型水泥基复合材料,具有超高的力学性能和耐久性,并兼具良好的韧性、黏结性能和抗冲击、抗疲劳性能[6],且具备自流平、自密实、易浇筑等超高施工性能,如图 1-7 所示。UHPC 与普通混凝土的对比见表 1-1。

扩展度700 mm

图 1-7 超高性能混凝土

表 1-1 UHPC 与普通混凝土的性能对比

混 凝 土 类 型	UHPC	普通混凝土	UHPC/普通混凝土
抗压强度/MPa	150～230	30～60	约 3 倍
抗折强度/MPa	30～60	2～5	约 10 倍
弹性模量/MPa	40～60	30～40	约 1.2 倍
徐变系数	0.2～0.3	1.4～2.5	约 15%
氯离子扩散系数/($m^2 \cdot s^{-1}$)	$<0.01 \times 10^{-11}$	$>1 \times 10^{-11}$	1/100
电阻率/($kW \cdot cm^{-1}$)	1 133	96(C80)	约 12 倍

UHPC 以其性能的优越性在建筑领域有着广泛的应用,有助于建筑部品、构件实现轻量化、高品质、高效率和低资源消耗,还可用于构件节点连接以提高结构的可靠性和抗震性,符合低碳、绿色环保、可持续和高质量发展的要求。

UHPC 具有超高的抗压强度,与传统的水泥基灌浆材料相比,强度提升了 50% 以上,与钢筋的黏结强度即钢筋握裹力可提升 40%～80%。普通钢筋混凝土锚固钢筋需要的长度为 $20d$～$30d$(d 为构件横截面最大受力钢筋直径),UHPC 可缩短锚固长度至 $4d$～$6d$,利用这个特性,可以将预制构件连接的后浇段长度大幅减小。1995 年,丹麦奥尔堡大学(Aalborg University)第一次将 UHPC 用于新建建筑工程预制混凝土楼板构件的湿接缝连接;1998 年,瑞典查尔姆斯理工大学(Chalmers University of Technology)的试验表明,采用 UHPC 湿接缝连接桥面板,可以将传统 400 mm 宽的接缝减小至 100 mm。而且,开裂位置出现在预制混凝土板处,UHPC 黏结混凝土的界面完好,这说明 UHPC 黏结混凝土界面的黏结强度高于构件混凝土的抗拉强度,连接节点的抗弯强度高于构件抗弯强度;美国学者针对采用 UHPC 湿接缝连接的预制混凝土桥面板进行疲劳试验,经过两种荷载累计 700 万次的循环加载,裂缝均出现在混凝土桥面板处,而 UHPC-混凝土界面没有出现裂缝。

由此可见,采用 UHPC 进行预制构件连接可有效缩短钢筋搭接长度,避免横向和纵向钢筋密集交错,降低混凝土灌注不饱满的风险,提高现场施工效率与安全性,进而克服传统装配式结构节点区薄弱的困境,形成"强节点、弱构件"的结构,使得装配式结构的性能等同于整体现浇结构。同时,还能够大幅提高预制构件连接处的承载能力以及抗疲劳、抗震、抗裂性能和耐久性,如图 1-8 所示。

图 1-8　UHPC 与钢筋短连接技术

张永涛等[7]研究了预制桥面板 UHPC-U 形钢筋湿接缝的受力性能,结果表明,UHPC 能显著提高湿接缝的抗裂性能,验证了采用 UHPC 减少湿接缝混凝土现浇量、简化连接工艺的可行性。

钟扬等[8]对 7 根不同配筋率的 UHPC 湿接缝梁和 1 根现浇普通混凝土梁进行静力弯曲试验,结果表明,普通混凝土梁初裂缝位置发生在跨中底部,而 UHPC 湿接缝梁的裂缝首先出现在新、旧混凝土的结合界面,UHPC 后浇连接可以减少构件主裂缝的产生;各组 UHPC 湿接缝梁抗弯承载力试验值较理论计算值均有一定程度的提升,最大提升幅度达到了 26%;在相同加载情况下,UHPC 湿接缝处的配筋率越高,梁抗弯承载力越大。

上海建工二建集团龙莉波团队联合上海理工大学郑七振教授团队对 UHPC 在装配式结构中的应用开展了系列研究[9-14],包括钢筋埋长对超高性能混凝土与钢筋黏结性能的影响、以 UHPC 材料连接的预制装配梁受弯性能、以 UHPC 材料连接的预制柱抗震性能、以 UHPC 材料连接的装配式框架节点抗震性能、以 UHPC 材料连接的装配式混凝土框架结构抗震性能以及以 UHPC 连接的预制装配式混凝土剪力墙结构抗震性能等,如图 1-9 所示。研究结果表明:UHPC 材料与高强钢筋黏结强度的中心拉拔试件的合理锚固长度为 $4d$;当搭接长度为 $10d$ 时,UHPC 连接的预制装配梁、柱、框架节点在承载能力、抗震性能、变形能力上与混凝土整浇结构基本相当,证明了在 UHPC 材料中,钢筋 $10d$ 搭接长度的直锚连接可代替整浇及灌浆套筒等传统连接工艺。与现浇试件相比,以 UHPC 材料连接的装配式框架、剪力墙结构的抗裂能力、承载力和刚度均有所提高,延性和耗能基本相当,钢筋在 UHPC 中锚固性能良好,能够有效传力,可达到预制等同于现浇的要求。

(a) 基于UHPC连接的装配式框架结构试验

(b) 基于UHPC连接的装配式剪力墙结构试验

图 1-9 基于 UHPC 连接的装配式结构试验研究

随着工业化建造不断推进,地下工程领域也在积极探索装配式结构的适用性。然而,在地下工程的工业化建造方面,国内仍缺乏成熟的结构体系和施工经验[15]。基于 UHPC 中的钢筋直锚短搭接技术,上海建工二建集团首次在上海地区的地下污水处理厂工程中探索装配式结构的应用和推广,创新研发了钢板桁架双面叠合剪力墙结合倒 T 形叠合板的 SPDW 新型结构体系,如图 1-10 所示。与传统预制构件相比,双面叠合剪力墙构件自重降低 70%,大大降低了吊装难度;剪力墙底部采用 UHPC 后浇连接,可有效保证节点质量。SPDW 体系的应用大幅降低了人工成本和措施成本,提升了施工效率和施工质量,取得了极大的经济效益和社会效益。

图 1-10　基于 UHPC 连接的地下装配式结构 SPDW 体系

1.2.2　快速建造创新技术

装配式剪力墙结构体系是住宅工业化中最常用的结构体系,竖向钢筋一般采用套筒灌浆连接形式,但传统的套筒连接施工工艺复杂,操作难度较大,套筒饱满度无法有效检测。针对上述问题,上海建工二建集团与上海建工设计研究总院有限公司联合研发了新型螺栓连接预制剪力墙体系,其中竖向连接采用螺栓连接,螺栓居中放置,可以不影响预制墙体竖向钢筋的连续性,不削弱预制剪力墙混凝土性能。该体系抗震性能较好,具有较大的抗弯、抗剪能力。此外,螺栓连接大量减少了湿作业,比浆锚套筒连接更可靠、方便,可降低连接成本[16],已在上海建工二建集团多个装配式剪力墙结构住宅项目中成功实践,如图 1-11 所示。

装配式框架结构梁柱节点钢筋深化设计难,施工效率低,混凝土质量难以保证,成为制约装配式框架结构发展的瓶颈,为此,上海建工二建集团重点研发与推广框架结构梁柱二维节点预制技术,将最复杂的节点交给构件厂预制,这大大降低了深化设计和施工难度,有效提高了装配式框架结构的建造效率,如图 1-12 所示。

装配式结构在施工过程中,往往需要采取相应的措施来保证施工过程中现场的安全与工程质量。目前常用的围护办法主要有搭设脚手架和在墙体上搭设外挂悬挑式围栏。这两种方法不仅浪费大量的原材料,增加施工的成本,还占用大量施工场地,产生不良的环境影响;为了固定脚手架,往往还要在预制墙板上开孔,不仅严重破坏墙体的整体性和美观性,还影响预制墙体的质量,导致渗漏水等问题。悬挑式围挡的搭设有所简化,但同样需要在预制墙板上开孔进行固定,破坏墙体的整体性。为此,上海建工二建集团结合装

图 1-11　螺栓连接装配式混凝土剪力墙

图 1-12　框架结构梁柱二维节点预制技术

配式建筑的特点研发了一种装配式结构无脚手建造体系,包括一种新型的安全操作围挡和一种可折叠的安全防护抛网——可折叠工具化抛网,如图 1-13 所示。新型安全操作围挡利用预制墙板上原有的预埋螺栓加以固定,不需要重新开孔,保护了墙体的完整性,安装、拆卸方便快速,可重复利用,适用范围广。可折叠工具化抛网创新性地将抛网节点与预制外墙板相连接,避免预制外墙开孔打洞,可在楼层内进行安装,施工方便,有效控制了高处作业的安全风险。

(a) 新型安全围挡

(b) 可折叠工具化抛网

图 1-13 预制装配式结构的无脚手安全防护体系

无脚手安全防护体系被成功应用于上海市大型居住社区周康航拓展基地 C-04-01 地块动迁安置房项目、浦东三林镇 0901-13-02 地块项目等装配式工程,取得了良好的防护效果,使施工全过程处于安全、稳定状态,有效避免了事故的发生。同时,节省了搭设传统脚手架的时间,缩短了工期,提高了施工效率和进度。绿化、道路等室外工程可与主体结构同步施工,实现了真正意义上的花园式工地。

1.2.3 智能建造创新设备及平台

由于施工现场环境的复杂性和特殊性,传统装配式建筑施工现场的信息化和智能化程度较低[17]。除了应用新型装配式建造技术体系来提高建筑质量和安全性外,还需要针对性地研发新型装配式施工设备,降低劳动强度,提高现场装配式施工的自动化、智能化和信息化水平,提高施工效率,节约建造成本,缩短工期,助力装配式建筑的施工方式向绿色建造和智能建造转变[18]。

装配式建筑预制构件钢筋套筒灌浆连接时,存在灌浆工人水平高低不一、灌浆过程难以监管等问题,容易出现漏灌、灌浆不饱满等现象且难以检测发现,严重影响预制构件的连接质量。这需要利用智能化和信息化技术对现有灌浆设备进行升级、对灌浆过程管理做出改善,从根本上保证灌浆质量。此外,预制构件安装精度、施工安全防护、建筑外墙的防渗漏性能等,均与施工质量、施工效率和施工安全息息相关,可在传统方法的基础上结合智能化和信息化技术进行创新和升级,从而有效提升装配式建筑的施工效率和建造质量。

本书介绍了钢筋套筒智能灌浆机、预制构件高精度测垂传感尺、隐蔽工程检查新型内窥镜、新型安全防护装置和高压淋水机器人等装配式建筑领域的创新研发成果,实现了节约施工成本、提高施工效率、降低劳动强度和施工风险的工程应用效果,为装配式建筑质量提供了有效保障,应用前景广阔。此外,本书还介绍了结合 BIM 技术、物联网、大数据和人工智能等新技术开发的装配式项目智慧建造和管理云平台,该平台使装配式建筑的施工过程更高效、精确和安全,为工程项目的日常管理、风险管控、重大危险源监测等提供了信息化管理手段,降低了工程风险,提高了管理效率,节约了施工成本,有力推进了智能建造和数字化管理的发展步伐(图 1-14、图 1-15)。

(a) 智能灌浆机(自主研发)　　　　(b) UHPC搅拌浇筑一体机(工程应用)

图 1-14　新型建筑工业化专业智能设备

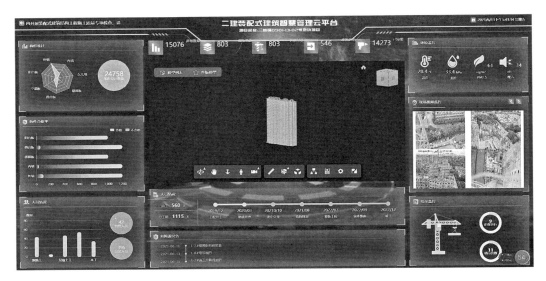

图 1-15　装配式建筑数字化管理平台

1.3　新型建筑工业化主要研究框架

　　上海建工二建集团在新型装配式建造体系和新型工业化建造装备方面取得了重大研究成果,并在上海地区多个重点装配式建造项目中开展了示范应用,主要研究框架如图1-16所示。实践表明:新型装配式建造体系取得了良好的示范效果,能够提高装配式结构的连接质量和施工质量,降低安全隐患,优化现场施工环境,节约生产成本,节省人力、物力和材料、机械用量,提高施工效率,缩短工期,而且绿色环保,产生了较好的经济效益和社会效益,有力地助推了装配式建筑朝着"效率快、经济好、质量高"的方向发展,具有较高的推广和应用价值。

图 1-16　主要研究框架

第 2 章 基于"三免"目标的 PCTF 体系研究及工程应用

2.1 引言

为了提高装配式结构的建造速度,本书对传统的装配式施工工艺进行了改良,首先,依托周康航大型居住社区示范项目创新开发了一套长效夹心保温预制围护体系——预制夹心保温外挂墙板体系(PCTF),采用预制外墙板技术将外墙保温层作为外墙板自身的一部分,增强结构的整体性,将保温层置于内、外两层钢筋混凝土板之间,从而确保保温层与外墙板乃至主体结构同寿命,彻底解决了传统外墙保温层易脱落、不防火、稳定性差、使用寿命短等弊病。

在 PCTF 体系的施工中,本书提出并应用了"三免"体系:免套筒灌浆的螺栓剪力墙干式连接技术、免脚手架的新型安全操作防护体系和免抹灰的施工技术。一方面,针对国内预制混凝土剪力墙竖向钢筋的套筒连接施工工艺复杂、操作难度较大和灌浆密实度难以检测的问题,以及预留孔道浆锚连接的连接性能稍差等缺点,研发团队开发了采用螺栓干式连接作为装配式螺栓混凝土剪力墙体系竖向连接的一种新型的结构体系,新型结构体系具有较好的抗弯、抗剪性能和接缝抗剪安全性[19],且方便施工,质量易于检测控制,减少了现场湿作业和对周围环境的影响,有效解决了预制装配式建筑长期以来的难点。另一方面,针对传统悬挑式脚手架存在施工复杂和安全性的问题,开发了免脚手架新型安全操作防护体系,包括新型工具化安全操作围挡和可折叠工具化抛网等,取消了传统施工中的外脚手架,大大减少了现场的湿作业量,而且安装、拆卸方便快速,可折叠工具化抛网重复利用率高,大大节省了材料和场地,对缩短工期起到了非常积极的作用。最后,提出了免抹灰的施工技术,应用该技术降低了施工现场的扬尘,提高了建筑质量和效率,降低了后期维护成本,提高了经济效益和环境效益。

PCTF 体系的成套关键技术包括围护体系关键技术、预制装配式墙板制作技术、预制构件现场吊装关键技术以及"三免"体系核心装配式建造技术等。PCTF 体系的装配式工程应用包括周康航大型居住社区示范项目和浦东三林镇 0901 - 13 - 02 地块动迁安置房项目,应用结果表明,基于"三免"目标的装配式混凝土新型建造技术可节省大量的人力、物力,具有节能环保的优点,同时,节约了成本,加快了施工进度,缩短了施工周期,并减小了污染及对环境的影响,有效改善了现场场容,具有较高的经济效益和环境效益,并具有推广和应用价值。

2.2 基于"三免"目标的 PCTF 体系的关键技术

本节以 PCTF 体系为研究重点,综合考虑预制构件作为围护结构、保温墙体与装饰材料等,实现多种功能的紧密结合,重点研究预制装配式围护体系结构与节能一体化的设计、制作、施工和工程示范的关键节点,形成针对该体系的设计、制作、施工、示范应用的成套技术,以推进上海市甚至全国范围内住宅产业化的发展(图 2-1)。

图 2-1 PCTF 装配式混凝土结构体系

2.2.1 PCTF 体系的概念及特点

PCTF 体系由工厂化预制部分和现场浇筑部分组成,如图 2-2、图 2-3 所示。工厂化预制部分由预制墙板与保温层复合构造而成,是集外墙门窗框、空调板等附件于一体的综合部件,兼具现场施工阶段外墙外侧模板、建筑外墙保温及建筑外墙装饰功能。通过现场安装连接件将预制外墙板与主体结构紧密地连接在一起,二者协同工作,构成空间结构受力体系,使成品的外墙板能达到轻质高强。

综上所述,PCTF 体系具有以下特点:

(1)工厂化预制部分是集外墙门窗框、空调板等附件于一体的综合部件,在体系中兼具现浇部分外模板、建筑外墙保温、建筑外墙装饰等多种功能,适应建筑产业化发展要求。

(2)节能围护体系由工厂化预制部分与现场浇筑部分组成,二者通过连接件形成整体,协同工作。

(3)节能围护体系以前期的标准化设计,中期的工厂化制作、模块化运输、标准化吊装,后期的长效免维护为其典型特征。

(4)预制保温叠合外墙板与建筑主体结构同寿命,不存在剥离脱落、保温失效等问题,实现了长效保温。

图 2‑2 PCTF 体系组成示意图

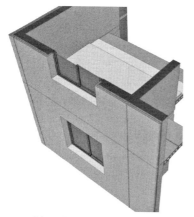

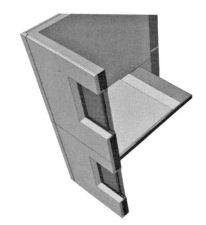

(a) 墙体构造水平面剖切图   (b) 墙体构造竖直面剖切图

图 2‑3 PCTF 体系复合保温外墙板剖面示意图

2.2.2 PCTF 围护体系的关键技术

1. 围护体系的保温性能

采用预制钢筋混凝土复合自保温外墙板,保温材料复合于预制外墙板内侧。在预制外墙板四周及门窗洞口四周均设与板同厚的加劲肋,加劲肋与板体形成容纳保温材料的凹槽,使保温材料在墙体施工完毕后与大气完全隔离,保证其热工性能不受外界环境的影响。PCTF 围护体系中保温材料的品种和厚度可以根据实际的保温需求灵活选择,其中保温材料应具备导热系数小、容重小、吸湿性小、加工性能好、使用寿命长、温度变化时线膨胀系数小、经济性好的特点。

如图 2－4 所示,纤维增强复合材料(Fiber Reinforced Polymer,FRP)连接件具有导热系数低、耐久性好、造价低、强度高的特点,可有效避免墙体在连接件部位的冷(热)桥效应,提高墙体的保温效果与安全性,FRP 连接件的性能和拉拔试验结果如表 2－1 和表 2－2 所列。PCTF 围护体系中的保温板与预制混凝土板之间采用 FRP 连接件连接,形成的热桥对基于泡沫混凝土保温层的长效保温建筑预制围护体系的传热系数影响为 0.8%,相较于钢筋连接件的 4.8%,FRP 连接件的应用优势明显。

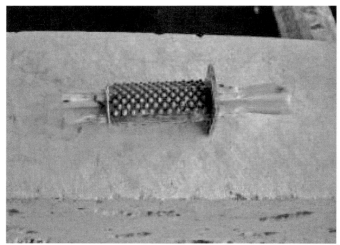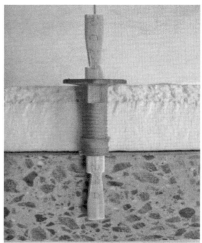

图 2－4　FRP 连接件

表 2－1　FRP 连接件的材料性能

性　　能	拉伸强度／MPa	弹性模量 E/GPa	泊松比 ν	抗剪强度／MPa
试验值	752	46.0	0.27	47.5

表 2－2　FRP 连接件的拔出及抗剪试验

试验类型	承载力试验值/kN	荷载设计值/kN	安全系数
拔出试验	23.5	1.64	14.3
抗剪试验	12.6	1.38	9.1

2. 围护体系防水节点设计

首层外墙板下侧的结构层被做成高低企口,预埋件通过 L 形连接件和膨胀螺丝与首层现浇板连接,用于固定 PC 预制墙板,如图 2－5 所示。

此外,外墙板接缝空腔的构造采用了简化的常压阻水空腔做法,即以板边的平直面拼接形成凹槽,再以 PE 棒塞缝并采用密封硅胶封闭,在凹槽深处形成空腔,力求以简洁有效的措施达到预期的防水效果,如图 2－6 所示。

图 2-5　首层设置企口

　　通过将预制钢筋混凝土复合自保温外墙板与建筑主体结构连接成一体,增强了结构的整体性,避免了建筑外围护结构在外力作用下发生过大变形,并在相邻外墙板安装就位后以自粘胶带密封缝隙,确保浇筑主体结构时水泥浆不至于阻塞空腔,保证了空腔的完整有效。同时,在板面拼缝处采用合成高分子防水油膏嵌缝,预防水汽进入墙体内部,以保证外墙板接缝防水构造的可靠性,如图 2-7 所示。

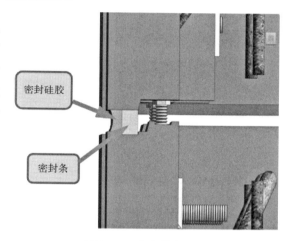

图 2-6　防水节点设计

(a) 密封条施工

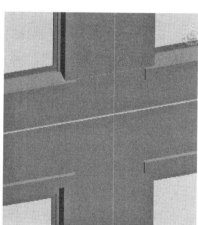

(b) 外墙密封胶填缝

图 2-7　防水节点现场施工图

3. 围护体系连接与抗震性能

对于装配式剪力墙结构来说，预制构件之间的可靠连接是保证结构整体性和抗震性能的关键。外墙板与结构主体之间采用底部 L 形连接件和螺栓固定。相邻外墙板间水平方向采用 L 形连接板与螺栓连接，保证外墙与结构连接成一个整体。在预制外墙板与承重结构接触面之间采用 FRP 连接件连接，简化建筑外围护结构的安装工艺，使之协同工作，构成空间结构受力体系，使成品的外墙板能做到"轻质高强"，能够较好地抵抗温度应力和水平荷载(图 2-8、图 2-9)。

图 2-8　外墙接缝及 FRP 连接件

图 2-9　外墙安装连接节点

外墙板与主体承重结构连接的创新施工方法主要步骤为：预制保温外墙板安装就位→内侧剪力墙绑扎钢筋→支护外墙内模板→浇筑混凝土，这种方法可将预制保温外墙板与现浇剪力墙连接成整体。现场原位抗震试验表明，建筑主体结构与预制外墙构件连接强度大大超过了抗震规范的要求，完全可以达到"小震不坏，中震可修，大震不倒"的设防目标。

2.2.3 预制装配式墙板制作技术

如图 2 - 10、图 2 - 11 所示,PCTF 体系外墙板的构造形式为 55 mm 厚预制配筋混凝土外墙板＋40 mm 厚泡沫混凝土(保温材料)＋180 mm 厚现浇钢筋混凝土。

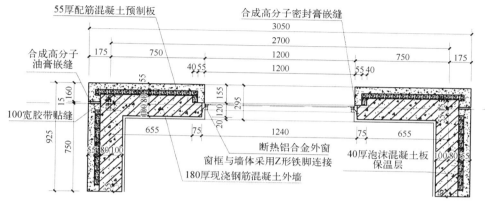

图 2 - 10 墙体平面大样图

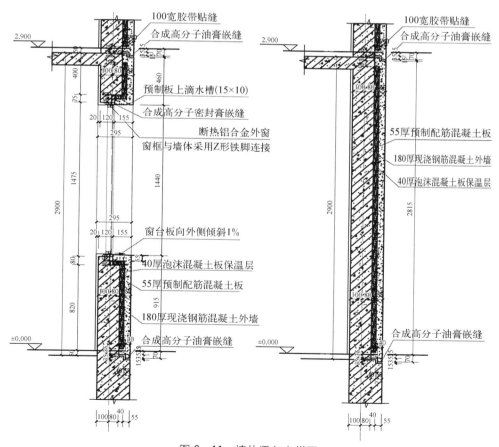

图 2 - 11 墙体竖向大样图

在墙板制作的选材方面,通过添加超细矿粉S115来降低混凝土中的水泥用量,提高混凝土的早期强度,提高预制混凝土的性价比。预制装配式墙板主要采用钢模成型,钢筋加工成型后分块绑扎,然后吊到模板内整体安装,混凝土浇筑后进行蒸汽养护,最后进行保温材料的铺设或浇筑。具体生产流程详见图2-12。

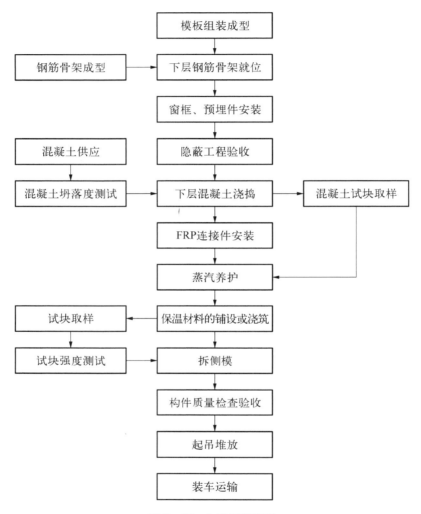

图2-12 生产工艺流程

施工现场的节能与结构一体化自保温外墙板如图2-13所示。

2.2.4 预制构件现场吊装的关键技术

1. PCTF外墙板吊装

PCTF外墙板与建筑主体结构连接成一体,可增强结构整体性,外墙板吊装的施工流程如图2-14—图2-17所示。

图 2-13 节能与结构一体化自保温外墙板施工

图 2-14 外墙板起吊 图 2-15 调节杆固定

图 2-16 连接片固定 图 2-17 外墙板吊装施工完毕

2. 叠合楼板吊装

在叠合楼板内预埋套管,减少水管定位错位及渗漏隐患。如图2-18、图2-19所示,叠合楼板中采用自承式可拆卸钢筋桁架模板,以其楼板钢筋组成的空间桁架体系作为模板的支撑构件,实现水平模板的少支撑或无支撑。专用连接件将水平结构模板与钢筋桁架梁连接成整体,实现底模板的可拆卸和周转使用。钢筋桁架板距离叠合楼板板面40 mm,方便管线施工。叠合楼板的吊装过程如图2-20—图2-23所示。

图2-18 自承式可拆卸钢筋桁架模板

图2-19 自承式钢筋桁架模板施工效果

图2-20 叠合板吊装

图2-21 叠合板定位

3. 外墙叠合保温板吊装

首层外墙叠合保温板吊装前,在首层地下室顶板外墙边做一道35 mm高的防水反坎,下部用垫片水平仪找平,根据底部定位线吊装外墙叠合保温板至安装位置,支设斜撑杆件,固定底部L形连接件,校正PC墙板,底部贴防水橡胶条,松开塔吊吊钩,吊装另一块外墙叠合保温板后,在两块板的拼缝处粘贴防水胶带,安装横向连接板。

图 2-22   连接片固定

图 2-23   叠合板安装完毕

在标准层外墙叠合保温板施工时,吊装时下部与上一层的竖向连接件固定,用斜撑支设斜撑杆件,其余施工步骤与首层相同(图 2-24)。

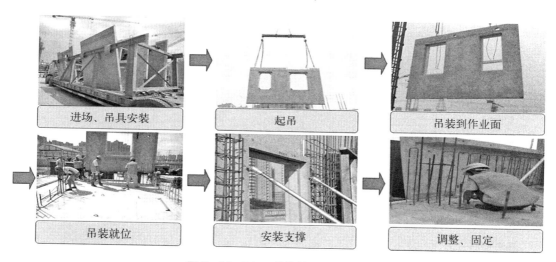

图 2-24   PCTF 外墙构件吊装流程

2.2.5   "三免"体系核心装配式建造技术

1. 免套筒预制螺栓剪力墙干式连接技术

作为一种新型的剪力墙连接形式,预制剪力墙螺栓连接技术采用螺栓连接,节点连接牢固,能保证结构的完整性并具有较好的抗震性能[20]。安装时,下层墙板预留插筋伸入内墙预制板预留螺栓孔。从螺栓孔中灌入水泥砂浆灌浆料,随后通过高强螺栓固定,将剪力墙与结构连接成可靠的整体。经试验,螺栓剪力墙的抗弯承载力安全系数在 1.27～

1.63 之间,破坏时试件所承受的剪力值达到抗剪承载力设计值的 1.14～1.43 倍,剪力墙的接缝也具有较高的抗剪安全性。

图 2-25 为预制螺栓剪力墙与结构连接示意图,竖向连接螺栓直径为 20 mm,间距 400 mm。预制墙板的顶部及底部均设置 200 mm×250 mm 的暗梁。施工中,螺栓剪力墙的连接处螺栓居中放置(图 2-26),以简化预制剪力墙竖向连接构造,不影响预制墙体竖向钢筋的连续性,不会削弱预制剪力墙混凝土性能,且比浆锚套筒连接更可靠、更方便,连接构造的施工质量在现场易于监控与检测。

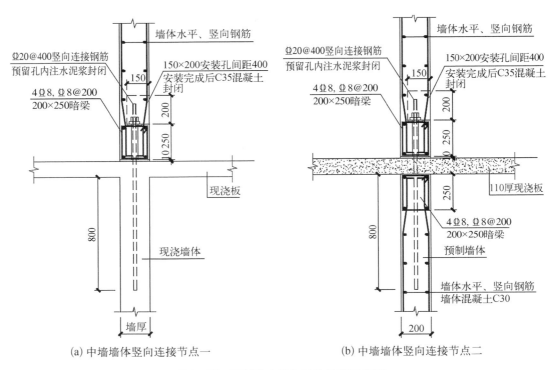

(a) 中墙墙体竖向连接节点一   (b) 中墙墙体竖向连接节点二

图 2-25　预制剪力墙与结构连接示意图

图 2-26　对接效果图

　　预制螺栓剪力墙安装的工艺流程如下：测量放线→检查调整墙体竖向预留螺栓→确定墙板位置控制线→测量水平标高控制标高→底部细石混凝土坐浆、找平→墙板吊装就位→对接高强度螺栓位置→安装底部固定 L 形连接件→安装固定墙板斜支撑→现浇暗柱钢筋绑扎→现浇部位支模→预制墙板底部及拼缝处理→检查验收→墙板浇筑混凝土→预留洞用细石混凝土浇筑密实→养护，如图 2-27 所示。

(a) 底部坐浆　　　　　　　　　　　　　　　　(b) 吊装

(c) 固定 L 形连接件　　　　　　　　　　　　(d) 安装斜支撑

图 2-27　预制螺栓剪力墙工艺流程

　　针对预制剪力墙构件下口锚固施工，安装前，在现浇楼面进行底部坐浆，砂浆厚度取 1～2 cm，之后采用 60 MPa 水泥基专用灌浆料进行预制墙板注浆部位的空腔封堵，并使用 1∶2.5 水泥浆对预留孔进行封闭（图 2-28），锚固竖向钢筋采用螺栓加垫片拧紧。剪力墙底部预留安装孔为 150 mm×200 mm，安装孔内灌注 C35 混凝土封堵。随后进行层内钢筋绑扎、模板搭设和混凝土的浇筑作业。

　　采用螺栓剪力墙干式连接技术可以降低连接成本，同时有效减少施工现场的湿作业和对周围环境的影响，提高预制构件工厂化程度，与传统套筒灌浆工艺相比，可实现干式连接，安装快捷，质量易于检测和控制（图 2-29）。

图 2-28 螺栓剪力墙预留孔注浆封闭示意图

图 2-29 螺栓剪力墙现场施工示意图

2. 免脚手架新型安全操作防护体系

（1）新型定型化安全操作围挡。为了保证周康航拓展基地 C-04-01 地块结构施工中外墙施工的安全，通过竖向连接片将 10# 槽钢固定于外墙顶部，采用定型化围挡形成施工区域防护圈，成功取消了传统施工中采用的外脚手架，如图 2-30 所示。

安全操作围挡的设计详图和现场连接图分别见图 2-31 和图 2-32。每块安全操作围挡是根据预制外墙尺寸定型制作的，每块安全操作围挡宽度 1.8 m，长度不大于 2.5 m，高度 1.3 m 左右，材料选用方形型钢管，钢丝网选用 10 mm×10 mm 方孔镀锌网，通过 6# 槽钢将上部围挡与预制外墙板连接，槽钢与预制外墙的固定是通过在预制外墙板顶部设置预埋件实现的，利用 PL-6×100×260 连接片连接，槽钢与安全操作围挡则是利用连接管将安全操作围挡与焊接在槽钢上的地锚管扣牢，围挡与围挡之间用辅助连接管扣件牢

图 2-30　无脚手架多功能安全防护体系

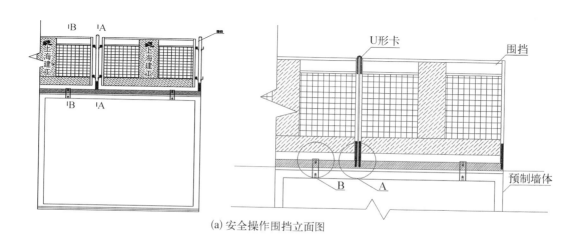

(a) 安全操作围挡立面图

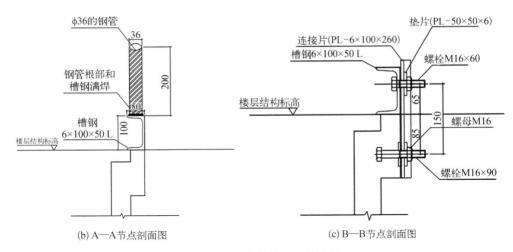

(b) A—A节点剖面图　　　　　　　　　(c) B—B节点剖面图

图 2-31　安全操作围挡设计详图

图 2-32　安全操作围挡连接节点

固连接,以增加安全操作围挡的整体性。

与常见的悬挑式围栏相比,安全操作围挡不需要为了固定围挡重新在墙上开孔,保证了墙体的受力性能。固定围挡的连接钢片还可作为下一阶段墙体安装的定位装置,提高了墙体的安装精确度。安全操作围挡构造简单,用料节省,质量轻,搭拆技术简单,施工速度快。此外,制作、安装、提升等各阶段操作简便,除节省大量的人力、物力外,对缩短施工周期和改善现场的场容也可起到积极作用。

构件吊装完成、内支模架搭设完成后,方可进行工具化防护围挡安装,安装防护围挡时,利用已搭设好的脚手架,使用定型化钢梯上、下支模架,在架体上部铺设好可行走的钢竹笆,便于操作人员平行站立行走。安全操作围挡安装是从上部结构的一层预制外墙板装配后开始安装,安装流程如图 2-33 所示。待安全操作围挡安装完成后,方可进行楼层模板安装、楼层钢筋安装、楼层混凝土浇筑等后续施工工序。

(a) 按安装顺序安装首块防护围挡

(b) 安装第二块防护围挡

(c) 本层工具化安全防护围挡安装完成

(d) 楼层模板安装

(e) 楼层钢筋安装

(f) 结构混凝土浇筑

(g) 混凝土浇筑完成

图 2‑33　安全防护围挡安装流程

之后按顺序进行防护围挡的拆除及此处 PCTF 外墙板的吊装,安全操作围挡的拆除和安装与预制墙板的吊装交替进行,以确保楼层施工始终处于安全状态。

(2)可折叠工具化抛网。为避免高空坠落,创新研制了可折叠工具化抛网,适用于预制装配式结构,可附着于预制墙体上,如图 2 - 34 所示。

图 2 - 34 可折叠工具化抛网布置图

该抛网由竖杆、斜杆、连墙件、可伸缩竖杆等组成,其中竖杆截面为方钢管。斜杆长度为 6 m,斜杆与竖杆的连接为螺栓连接,斜杆与竖杆的角度可以根据现场实际要求进行调节。顶部固定件是用来连接抛网和预制墙体的构件,另外,通过上、下两根螺栓来固定抛网的横杆。竖杆内设置了可伸缩装置,可以根据现场实际要求来调节其长度。可折叠工具化抛网的安装如图 2 - 35 所示。

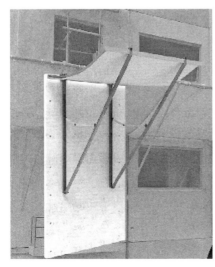

图 2 - 35 可折叠工具化抛网的安装

该抛网为全钢制作,可挂设双层安全网,具有可折叠收纳属性。通过与外墙板上调平螺母的巧妙连接,将定型化可折叠平挑网固定在预制墙板上,形成施工层面上的安全封闭。所有操作均可在楼层内完成,大大减少了安全隐患,从根本上解决了无洞口处抛网无法安装的现实难题。

3. 免抹灰施工技术

在浦东三林镇项目中采用钢框木模组合体系(图2-36),拆模后,墙面基层平整度、垂直度、阴阳角等实测误差可控制在 3 mm 内,如图2-37所示。采用薄抹灰施工技术有助于节能减排、综合利用资源、提高外立面施工效率,只需要施工外墙涂料和拼缝硅胶,减少了施工期间的扬尘,助力打造花园式工地。

图2-36 钢框木模组合体系

4. 其他建造技术

(1)自承式后浇带支模技术。如图2-38所示,叠合板采用自承式后浇带支模技术,事先在叠合板深化阶段预留接驳器,后浇带底模通过螺栓连接,固定于叠合板上,可减少排架搭设。

(2)防渗漏控制技术。通过对以往 PC 项目防渗漏措施的总结,发展了适用于本项目的防渗漏控制技术,从深化设计开始采用高标准防渗漏技术措施,确保节点防渗漏。如图2-39所示,通过预埋窗框、预埋套筒、预埋导水管以及屋面变形缝处理和管道穿楼板做法等措施提高了装配式结构的防渗漏效果。

(3)栏杆一体化施工技术。如图2-40所示,在空调板、采光井、楼梯、室外走道、电梯前室落地窗、女儿墙等临边洞口部位,

图2-37 薄抹灰施工技术

采用永久栏杆代替施工临时栏杆,与预制构件在地面一体施工。永久临边栏杆强度高,安全性更高,而且可减少高空作业,将空调板栏杆焊接等危险源转移至低风险区作业。

图 2-38　自承式后浇带支模技术

(a) 预埋窗框

(b) 预埋套筒

(c) 预埋导水管

(d) 屋面变形缝处理

(e) 管道穿楼板做法

图 2-39　防渗漏控制技术

(a) 空调板成品栏杆　　　　　　　　　　　(b) 采光井成品栏杆

(c) 楼梯成品栏杆　　　　　　　　　　　(d) 室外走道成品栏杆

图 2-40　预制构件栏杆一体化施工

　　（4）集成操作平台防坠预制构件堆放架。在构件转运吊装过程中,传统的预制构件堆放架需要使用人字梯来悬挂吊钩至竖向预制构件高处的挂点上,操作不便,容易发生高处坠落和构件倾覆。为了解决高坠隐患,在原有堆放架四周加设人行马道,设置防坠扶手,工人佩戴安全带可通过操作平台走动,如图 2-41 所示。集成堆放架既可避免工人登

图 2-41　集成操作平台防坠预制构件堆放架

高挂钩的高坠风险,也可避免预制构件倾覆带来的安全隐患。在堆场底部铺设黄沙,将堆架搁置杆包裹一层橡胶条,防止构件运输、转运、提升过程中的碰撞。

(5)信息化建造技术。如图 2-42 所示,建立项目信息化管理平台,全面监督和管理项目实施过程,保障项目实施。实现电子方案线上审批,有效缩短方案审批时间,提高工作效率。结合现场监控技术,方便管理人员掌握现场施工进度及安全文明落实情况。

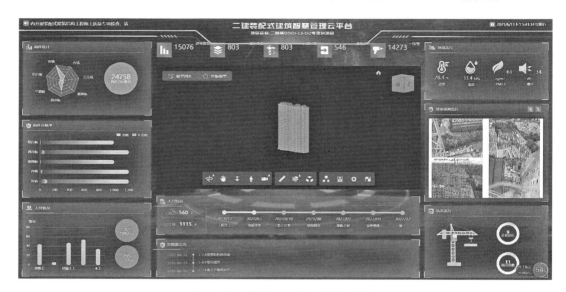

图 2-42　装配式建筑智慧管理平台

2.3　PCTF 体系的工程应用

2.3.1　周康航大型居住社区项目

项目位于上海市浦东新区周康航拓展基地 C-04-01 地块,占地面积为 24 501 m²,为上海市住宅产业化施工小区,如图 2-43 所示。主要预制构件包括:悬挂式预制外墙、预制楼梯梯段、预制空调板及预制叠合板。1—6 楼结构形式为剪力墙结构形式+装配式外墙 PCTF 板、叠合楼板。该项目采用了 PCTF 装配式结构体系以及无脚手建造技术、螺栓剪力墙技术、免抹灰施工技术、永临结合技术等,项目整体施工现场如图 2-43 所示。

2.3.2　浦东三林镇 0901-13-02 地块动迁安置房项目

浦东三林镇 0901-13-02 地块动迁安置房项目占地面积为 33 443 m²,总建筑面积为 118 734 m²,由地下 1 层、7 栋地上 20～27 层装配式住宅楼以及公共配套设施组成,建筑效果如图 2-44 所示。高层住宅建筑 1—7 层均为装配整体式剪力墙结构,配套建筑

图 2‑43　项目整体施工图

8—15 层为框架结构。工程预制装配式建筑面积为 85 926.89 m²,预制率为 40% 以上。预制构件包括预制夹心保温外墙、内部剪力墙、凸窗、预制叠合外墙、阳台、空调板。该项目采用了 PCTF 装配式结构体系以及无脚手建造技术、螺栓剪力墙技术、免抹灰施工技术、永临结合技术等,项目整体施工图现场如图 2‑45 所示。

图 2‑44　浦东三林镇 0901‑13‑02 地块动迁安置房项目效果图

图 2 - 45   浦东三林镇地块装配式施工现场

2.3.3   应用成果

1. 经济性分析

PCTF 做法中使用工具化多功能式防护体系,相对传统的外脚手架体系,每平方米可节约 12.31 万元,节约成本 27.79%。采用钢框木模的形式实现外墙免粉刷,可降低外墙粉刷成本并缩短工期。采用永临结合技术,永久围墙替代施工围墙、成品栏杆代替施工栏杆,可增加周转次数,降低成本。室外总体可以穿插施工,项目工期总进度可节约 2~3个月。

2. 技术先进性分析

周康航拓展基地 C - 04 - 01 地块住宅项目竣工后实景如图 2 - 46 所示。作为上海建工二建集团首个全产业链实施的预制装配式项目,C - 04 - 01 地块在国家和地方政策全面推行之前先行先试,造价水平控制在政府核定的保障房建设成本范围内,为建筑工业化的广泛推广提供了示范样本。作为保障房,本项目还特别增设了屋顶绿化、透水铺装路面、非传统水源利用、变频电梯等绿色建筑元素,并获得国家绿色建筑二星级认证,实现了选房率 100%、交房零投诉、入住一年零投诉的优秀业绩。

国内首创夹心保温预制围护体系 PCTF。创新采用预制夹心保温外挂墙板体系,通过现场浇筑工艺形成夹心保温构造,彻底解决了传统外墙保温易脱落、易开裂、耐久性差、防火性差等弊病。保温层与墙体同寿命,形成了全生命周期的保温体系。门窗与外墙在工厂同步预制完成,外墙预制板连接采用"有机+企口+材料"三道防水工艺,杜绝了建筑外墙渗漏的通病。

图 2－46　周康航拓展基地 C－04－01 地块住宅项目竣工实景图

国内首创剪力墙螺栓连接技术。剪力墙连接处螺栓居中单排放置,通过高强螺栓固定,将剪力墙与结构连接成可靠的整体。有效解决了套筒灌浆连接的不足,实现了干式连接,安装快捷,提升了竖向剪力墙的连接质量,并取得国家发明专利。

国内首创高层住宅无脚手建造技术。结合外墙高精度加工工艺,取消传统的外脚手架,巧妙地利用板块间的连接,形成封闭式安全操作围挡,实现了无外模板、无外粉刷施工,现场湿作业量大大减少,绿化、道路等室外工程可与主体结构同步施工,缩短总工期2~3 个月,实现了真正意义上的花园式工地,如图 2－47 所示。作为原创性安全防护技术,获得了同行的高度认可,《预制装配式结构安全防护无脚手体系施工工法》被评为上海市市级工法。

图 2-47 三林镇项目花园式绿色工地

项目在实施过程中,充分发挥了信息化建造的优势,依托 BIM 信息化管理平台,打通"设计、生产、施工"信息化路径,对装配式项目进行全过程和可视化管理,充分体现出上海建工二建集团建筑全产业链一体化的优势。

依托周康航拓展基地 C-04-01 地块住宅项目,编撰的《高层住宅装配整体式混凝土结构工程关键技术及应用》获上海市科学技术奖一等奖;承载了国家和省部级课题 6 项,荣获上海市科学技术奖一等奖 1 项、国家发明专利 6 项、实用新型专利 18 项和上海市级工法两项;依托项目实施,参编国家技术规范 1 项,上海市技术规范两项,其中 6 栋单体建筑全部获评上海市优质结构工程,5 栋单体建筑获上海市"白玉兰"奖,并荣获第十六届中国土木工程詹天佑奖。项目被推荐为上海市建设工程质量月综合创优观摩主会场、上海市建设工程绿色施工样板观摩工程,荣获上海市建筑业新技术应用示范工程、住建部装配式建筑科技示范项目等荣誉称号,并接受国内外各方人士参观考察超过 1 万人次(图 2-48)。

图 2-48 装配式建筑 PCTF 体系获奖情况

第 3 章　基于 UHPC 的钢筋直锚
短连接技术研究

3.1　引言

　　预制构件的连接对装配式结构质量至关重要。预制构件连接处的钢筋通常较为复杂,存在钢筋难以排布、浇筑难以密实等问题,给现场施工造成了较大困难,不仅严重影响施工效率,甚至危及装配式结构的安全。因此,预制构件的高效连接技术研究已成为推进装配式结构发展的重要课题。

　　装配式结构预制构件常用的钢筋连接方法有套筒灌浆连接、浆锚搭接连接和套筒挤压连接等(图 3-1)。套筒灌浆连接是通过灌注专用无收缩灌浆料,依靠材料之间的黏结咬合作用将专门加工的套筒与螺纹钢筋连接。套筒灌浆接头具有性能可靠、适用性广、安装简便等优点,但套筒灌浆在施工时对工人的专业技能要求高,钢筋灌浆工作量大,质量控制难度高。浆锚搭接连接为预制构件一端设有预留连接孔,通过灌注专用水泥基高强无收缩灌浆料与螺纹钢筋连接,适用于大小不同直径钢筋的连接,但《装配式混凝土结构

(a) 套筒灌浆连接　　　　　　(b) 浆锚搭接连接　　　　　　(c) 套筒挤压连接

图 3-1　装配式结构常规连接方式

技术规程》(JGJ 1—2014)明确规定:"直径大于 20 mm 的钢筋不宜采用浆锚搭接,直接承受动力荷载构件的纵向钢筋不应采用浆锚搭接。"因而浆锚搭接在工程应用中也受到一定限制。套筒挤压连接成本较高,不适合在钢筋密集处使用,挤压过程中容易出现接头弯折、钢筋深入套筒内长度不够等情况,影响连接质量。针对现有连接方式存在的问题,需要研究新材料或新工艺以实现预制构件钢筋的高效连接。

超高性能水泥基材料(UHPC)是一种高强度、高韧性、低孔隙率的超高强水泥基材料,具有自流平的浇筑性能,同时又具有优异的力学性能和耐久性,其抗压强度大于150 MPa,抗拉强度大于 7 MPa,极限拉伸变形大于 0.2%,是一种类金属新型材料。近年来,UHPC 材料被广泛用于桥梁工程、建筑工程和市政工程中,其主要用途如表 3-1 所列。

表 3-1　UHPC 的用途概况[21]

类型	原材料组成与材性特点	用　途	应 用 效 果
结构类	增强纤维通常为钢纤维;对抗压强度、抗拉强度及韧性的要求较高	预制构件(结构承重)桥面板、全预制 UHPC 梁	降低桥梁结构自重,降低高跨比,延长服役寿命,提高全寿命周期经济性
		桥梁工程湿接缝	为快速建造桥梁提供了可靠的结构连接方法
		建筑构件连接	替代"套筒灌浆",大幅度减小接缝宽度,简化接缝配筋和方便施工
		基础设施的结构加固	施工简单,显著改善混凝土结构严重腐蚀环境下的服役寿命
装饰类	使用白水泥、合成纤维、颜料;对颜色、外观质量、抗弯性能有较高的要求,对抗压强度、抗拉强度要求并不严格	建筑外墙板、楼梯、阳台等预制构件	大幅度降低构件尺寸,设计出轻盈优美的结构外形,节约宝贵的建筑空间

上海建工二建集团和上海理工大学研究团队从 UHPC 材料入手,开展了针对装配式结构新型连接技术的一系列产学研攻关研究。首先,从材料层面开展拉拔试验,研究UHPC 与钢筋黏结性能,发现钢筋锚固长度采用 4 倍钢筋直径时,自由端初始滑移荷载与钢筋的屈服荷载接近,建议采用 UHPC 连接时钢筋的搭接长度可采取 10 倍钢筋直径[22],从而实现基于 UHPC 的钢筋"直锚短搭接"高效连接技术;在构件层面进行了 UHPC 连接的预制梁弯曲性能试验、预制柱和预制梁柱节点抗震性能试验等,表明 UHPC 装配梁的裂缝发展与整浇混凝土梁基本相似,UHPC 装配梁在承载能力、变形能力上与混凝土整浇梁在同一水平范围内;UHPC 连接的预制柱承载能力好于混凝土整浇试件;预制梁柱节点试件与整浇混凝土梁柱节点试件的抗震能力相当。总的来说,使用 UHPC 材料后浇连接可以将钢筋搭接长度有效缩短至 10 倍钢筋直径,对应的 UHPC 试件耗能能力与

混凝土整浇试件相当,能够满足工程需要,可以代替现有钢筋连接工艺,大大降低了施工难度,为建立基于 UHPC 连接的新型装配式结构体系提供扎实的研究依据。

3.2　UHPC 与钢筋受力性能试验研究

3.2.1　试验概况

1. 试验材料及性能

试验采用同批次 HRB400 热轧带肋钢筋,取标距为 5 倍钢筋直径,根据《金属材料室温拉伸试验方法》(GB/T 228—2002)进行拉伸试验得到钢筋的物理力学性能参数如表 3-2 所列。

表 3-2　钢筋物理力学性能

钢筋类型	直径/mm	屈服强度/MPa	极限强度/MPa	伸长率/%	弹性模量/GPa
HRB400	12	489.3	678.7	21.1	198.1
	16	506.2	700.6	32.0	224.9
	20	448.4	644.8	31.0	197.7

注:表中所列数据均为实测结果的平均值。

试验中使用的 UHPC 由某材料公司提供,根据《活性粉末混凝土》(GB/T 31387—2015)进行材性试验,UHPC 的立方体尺寸为 150 mm×150 mm×150 mm,测得其抗压强度为 135.0 MPa。

2. 试件设计与制作

依据《混凝土结构试验方法标准》(GB 50152—2012)[23]并结合实际试验条件进行设计并制作 9 组共 27 个中心拉拔试件,如图 3-2 所示。试件采用无横向钢筋的中心拔出试件,截面尺寸取为 150 mm×150 mm。为避免试件加载端的 UHPC 受到局部挤压,采用试件加载端的局部钢筋与周围混凝土脱空的试件,即在加载端用 PVC 套管把非黏结区的钢筋和混凝土隔离。

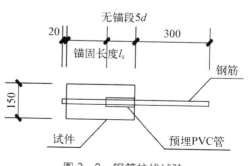

图 3-2　钢筋拉拔试验

根据钢筋锚固长度 l_a、钢筋直径 d 和混凝土保护层厚度的不同将试件分为 5 组,试件编号及分组情况如表 3-3 所列。

表 3-3　试件参数

试件编号	钢筋直径 /mm	相对锚固长度 l_a/d	无锚固段长度/mm	保护层厚度 /mm	截面尺寸 /mm²	试件个数 /个
U1-1	16	3	80	67	150×150	3
U1-2	16	4	80	67	150×150	3
U1-3	16	5	80	67	150×150	3
U1-4	16	7.5	80	67	150×150	3
U1-5	16	10	80	67	150×150	3
U2-1	12	5	60	69	150×150	3
U2-2	20	5	100	65	150×150	3
U3-1	16	5	80	42	100×100	3
U3-2	16	5	80	32	80×80	3

3. 试验方法

试验在 SANT 1 000 kN 的液压伺服万能试验机上进行，采用力控加载方式根据《混凝土结构试验方法标准》(GB 50125—2012)中规定的标准加载速度匀速加载，钢筋直径为12 mm、16 mm、20 mm 的加载速度分别为 72 N/s、128 N/s、200 N/s，连续加载直至试件破坏，如图 3-3 所示。在试件加载端、自由端分别对称布置两个位移计，以测量钢筋与UHPC 的相对滑移量，通过 DH5921 数据采集箱连续采集试验数据。

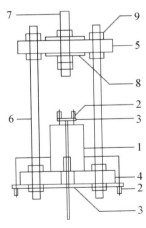 

1—试件；2—位移计；3—仪表架；4—下底板；
5—上底板；6—螺杆；7—固定杆；8—垫板；9—螺母

图 3-3　试验加载装置

3.2.2　试验结果及分析

1. 破坏形态

在加载初期，钢筋加载端和自由端的滑移量均为零，随着荷载的增大，钢筋加载端逐渐开始产生滑移,且荷载向自由端传递,并最终产生了三种破坏形态。钢筋拔出破坏、劈裂破坏和钢筋拉断破坏,典型破坏形态如图 3-4 所示。

(a) 拔出破坏

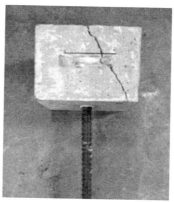
(b) 劈裂破坏

(c) 钢筋拉断破坏

图 3-4　试件破坏形态

由于 UHPC 具有足够高的强度,提高了钢筋与 UHPC 的机械咬合力和抗劈裂强度,因此,在钢筋拉断破坏的试件中,均未在试件表面发现裂缝。

2. 试验结果

本次试验结果如表 3-4 所列,表中,F_u 为极限拉拔荷载,τ_u 为极限黏结应力,F_{cr} 为自由端初始滑移荷载,s_u 为峰值荷载对应的自由端滑移量。其中极限黏结应力 τ_u 按下式计算:

$$\tau_u = \frac{F_u}{\pi d l} \tag{3-1}$$

式中　F_u——极限拉拔荷载;

　　　d——钢筋直径;

　　　l——钢筋锚固长度。

表 3-4　试验结果

试　件	d/mm	l_a/d	c/d	F_{cr}/kN	F_u/kN	τ_u/MPa	s_u/mm	破坏形态
U1-1	16	3	4.2	47.4	122.2	50.7	1.40	钢筋拔出破坏
U1-2	16	4	4.2	88.0	125.0	38.9	0.16	钢筋拉断破坏
U1-3	16	5	4.2	94.3	123.8	30.8	0.06	钢筋拉断破坏
U1-4	16	7.5	4.2	—	123.5	20.5	0	钢筋拉断破坏
U1-5	16	10	4.2	—	124.4	15.5	0	钢筋拉断破坏
U2-1	12	5	5.6	34.1	64.8	29.0	0.05	钢筋拉断破坏
U2-2	20	5	3.2	156.8	190.1	30.3	0.30	钢筋拉断破坏
U3-1	16	5	2.63	91.3	123.6	30.8	0.14	钢筋拉断破坏
U3-2	16	5	2	68.6	105.5	26.2	0.47	劈裂破坏

注:表中所列数据均为实测结果的平均值。

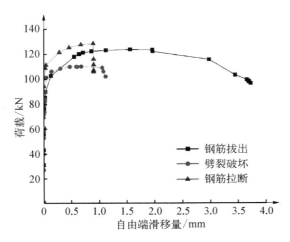

图 3 - 5　各典型破坏形态的荷载-滑移曲线

3.荷载-滑移曲线及其特性

由表 3 - 4 可以看出,由于钢筋在 UHPC 内黏结强度较大,大部分试件被破坏时,钢筋已经超过其屈服强度。为了忽略试验加载过程中钢筋伸长的影响,仅对自由端滑移量进行分析。同一破坏模式的试件均表现出相似的荷载-滑移曲线,各破坏形态的典型荷载-滑移曲线如图 3 - 5 所示。

由图 3 - 5 可见,典型荷载-滑移曲线呈现三阶段特点:

(1)无滑移阶段:加载初期,试件自由端几乎不产生滑移,当荷载达到 50%～70% 极限拉拔荷载时,试件自由端才开始出现滑移,首次出现滑移对应的荷载称为自由端初始滑移荷载 F_{cr}。

(2)滑移阶段:随着荷载增加,自由端滑移量不断增大,荷载-滑移曲线斜率减小,荷载逐渐达到极限拉拔荷载 F_u,形成非线性增长曲线。

(3)破坏阶段:不同破坏形态的试件,其荷载-滑移曲线的破坏阶段也不同。对于钢筋拔出破坏,荷载达到极限拉拔荷载 F_u 后,在荷载增长不大的情况下,自由端钢筋产生较大滑移,荷载逐渐减小,钢筋被拔出,荷载-滑移曲线形成一段平缓的下降曲线;对于劈裂破坏,荷载达到极限拉拔荷载 F_u 后,试件表面裂缝迅速发展,瞬间劈裂,此阶段破坏较为突然,荷载变化较小,滑移量迅速增大,荷载-滑移曲线出现一段陡峭的下降曲线;对于钢筋拉断破坏,荷载达到钢筋的极限抗拉强度时,在钢筋与 UHPC 的黏结性能好的情况下,最终发生钢筋拉断破坏,自由端钢筋滑移量不再变化,荷载-滑移曲线出现一段垂直的下降段。

钢筋拉断破坏试件的自由端初始滑移荷载明显高于劈裂破坏试件和钢筋拔出破坏试件,且破坏时的试件自由端滑移量很小。发生钢筋拔出破坏的试件自由端滑移量较大,约为钢筋拉断破坏和劈裂破坏的 4 倍。

3.2.3　黏结性能影响因素分析

1.钢筋锚固长度的影响

钢筋的锚固长度直接影响钢筋与 UHPC 的黏结应力分布和最终破坏形式。锚固长度对荷载-滑移曲线的影响如图 3 - 6 所示。

从图 3 - 6 中可以看出,钢筋锚固长度在 $3d$ 时,发生的是钢筋拔出破坏,拉拔荷载过峰值后下降较小,荷载维持在较高水平,且自由端产生大量滑移;钢筋锚固长度在 $4d \sim 5d$ 时,钢筋被拉断,自由端滑移基本发生在峰值荷载以前,荷载过峰值后即发生钢筋颈缩,荷载急剧下降，自由端滑移量基本不再变化；钢筋锚固长度在 $7.5d \sim 10d$ 时，钢筋被拉断，荷载过峰值后发生钢筋颈缩，荷载急剧下降，自由端自始至终未产生滑移。同时，当钢筋直径相同时，随着钢筋埋长增加，自由端初始滑移荷载 F_{cr} 也会相应增加，极限拉拔荷载 F_u 对应的自由端滑移量 s_u 则相应减小，但达到一定锚固长度后，由于钢筋强度的限制，峰值荷载未能超过钢筋与 UHPC 之间的化学黏结力，自由端不再产生滑移，此时，钢筋的锚固长度不再是影响黏结性能的主要因素。

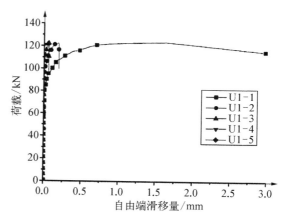

图 3-6　各锚固长度荷载-滑移曲线

2. 钢筋直径的影响

图 3-7(a) 所示为具有不同钢筋直径的 U1-3、U2-1 和 U2-2 试件的荷载-滑移曲线（F-S 曲线）。由图 3-7(a) 可知，钢筋直径越大，其实际锚固长度就越大，与 UHPC 接触面积越大，二者间的极限化学胶着力也越大，表现为随着钢筋直径的增大，自由端初始滑移荷载急剧增大。试件 U2-2 和 U1-3 的自由端初始滑移荷载分别为 U2-1 的 3 倍和 2 倍，且钢筋直径越大，荷载-滑移曲线越平缓，最终自由端滑移量也越大，直径为 12 mm 的 U2-1 试件的最终自由端滑移量约为 0.03 mm，而直径为 20 mm 的 U2-2 试件的最终自由端滑移量约为 0.25 mm 以上。

由于 3 组试件均为钢筋拉断破坏，钢筋与 UHPC 间的黏结性能并未破坏，因此，3 组试件的极限黏结应力相差不大，如图 3-7(b) 所示。

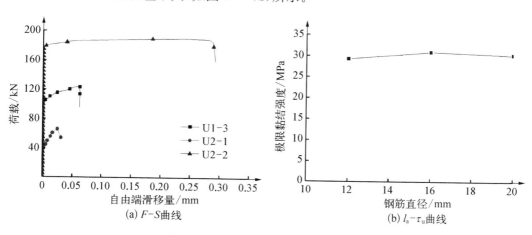

(a) F-S 曲线　　(b) l_a-τ_u 曲线

图 3-7　钢筋直径对黏结性能的影响

3. 混凝土保护层厚度的影响

通过调整试件横截面尺寸来设置混凝土保护层厚度 c。图 3-8(a) 所示为具有不同混凝土保护层厚度的 U1-3、U3-1 和 U3-2 试件的 $F-S$ 曲线。由图 3-8(a)可见,试件自由端初始滑移荷载随着混凝土保护层厚度 c 的增加而有所增大,但增大幅度较小。$c=32$ mm 的 U3-2 试件发生了劈裂破坏,钢筋滑移量较大;而 c 较大的 U1-3 和 U3-1 试件则为钢筋拉断破坏。由此可见,随着混凝土保护层厚度 c 的增大,试件的环向约束能力增强,但当保护层达到一定厚度,继续增大保护层厚度对提高黏结强度没有作用。3 组试件保护层厚度与极限黏结应力的对比曲线如图 3-8(b)所示。由于试验并未明确与极限黏结强度对应的保护层厚度,因此,参考相关资料并对图 3-8(b)进行推断,建议混凝土临界保护层厚度设为 2.6d。

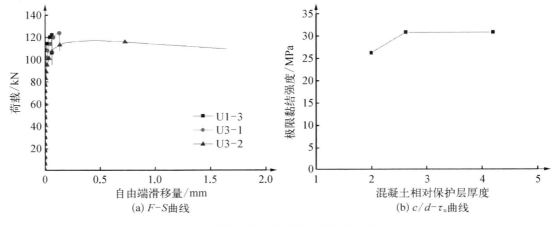

(a) $F-S$曲线   (b) $c/d-\tau_u$曲线

图 3-8　混凝土保护层厚度对黏结性能的影响

3.2.4　临界锚固长度

将钢筋达到屈服强度而自由端滑移量为零时的埋长称为临界锚固长度 l_a。由表 3-4 可知,随着钢筋锚固长度的增大,自由端初始滑移荷载 F_{cr} 显著提高,U1-2 试件与 U1-3 试件相较 U1-1 试件分别提高了 85% 和 99%,而 U1-4、U1-5 试件的钢筋直接被拉断,未产生自由端滑移。钢筋埋长为 4d 时,自由端初始滑移荷载与钢筋的屈服荷载接近,基本一致。为保证钢筋即使达到屈服荷载钢筋与 UHPC 的锚固依然良好,建议将钢筋与 UHPC 黏结性能的合理锚固长度取为 4d。

3.2.5　结论

(1)随着钢筋锚固长度的增加,极限拉拔荷载与自由端初始滑移荷载增加,极限黏结应力与峰值荷载对应滑移量减小,但达到一定锚固长度后,自由端不再产生滑移量,直接发生钢筋被拉断,此时,钢筋的锚固长度不再是影响黏结性能的主要因素。

(2)自由端初始滑移荷载随钢筋锚固长度和钢筋直径的增大可提高 1~2 倍,钢筋直径对自由端初始滑移荷载影响较大,对极限平均黏结强度影响较小。

（3）钢筋锚固长度在 $4d$ 时,自由端初始滑移荷载与变形钢筋的屈服荷载基本保持一致,建议用于测定超高性能混凝土与高强钢筋黏结强度的中心拉拔试件的合理锚固长度取 $4d$。根据《混凝土结构设计规范》(GB 50010),纵向受拉钢筋的搭接长度 $l_l = \zeta_l \zeta_a l_{ab} = (1.8 \sim 2.4) l_{ab}$。因此,UHPC 中的钢筋搭接长度建议取 10 倍钢筋直径"短搭接"。

（4）随着混凝土保护层厚度的增大,试件的环向约束能力增强,但当保护层达到一定程度后,继续增大保护层厚度对提高黏结强度没有作用,建议混凝土临界保护层厚度取为 $2.6d$。

3.3　基于 UHPC 连接的预制混凝土梁受弯性能试验研究

3.3.1　试验概况

1. 试件设计与制作

试验共设计了 8 根试件梁,包括 6 根不同搭接长度的 UHPC 装配梁、1 根普通混凝土装配梁以及 1 根普通混凝土现浇梁。L1-0 为 C40 混凝土现浇梁,L1-1、L1-2、L1-3、L1-4、L1-5、L1-6 为 UHPC 装配梁,试件两端由 C40 普通混凝土预制,跨中钢筋搭接段后浇 UHPC,搭接长度分别为 $10d$(d 为底部受拉纵筋直径)、$15d$、$20d$、$25d$、$30d$、$35d$,L1-7 为普通混凝土装配梁,试件两端由 C40 混凝土预制,跨中钢筋搭接段后浇 C50 混凝土,搭接长度为 $35d$。UHPC 装配梁及普通混凝土装配梁在后浇界面设置凹凸深度为 6 mm 的粗糙面,以促进新、旧混凝土的界面黏结。试件的设计及截面配筋见图 3-9,试验梁设计参数见表 3-5,钢筋的力学性能见表 3-6,混凝土立方体抗压强度见表 3-7。

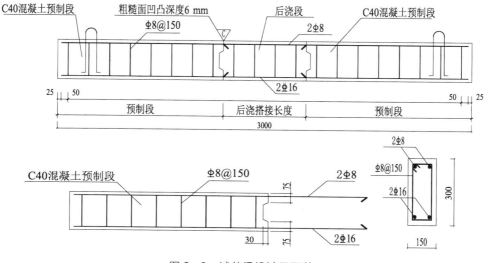

图 3-9　试件梁设计及配筋

表3-5 试件主要设计参数

试件编号	试件浇筑类型	梁截面 $b \times h$ /(mm×mm)	梁长/mm	纵向配筋	保护层厚度/mm	箍 筋	架立筋	搭接长度/mm
L1-1	C40 预制、UHPC 后浇	150×300	3 000	2⏀16	25	⏀8@150	2⏀8	$10d=160$
L1-2	C40 预制、UHPC 后浇	150×300	3 000	2⏀16	25	⏀8@150	2⏀8	$15d=240$
L1-3	C40 预制、UHPC 后浇	150×300	3 000	2⏀16	25	⏀8@150	2⏀8	$20d=320$
L1-4	C40 预制、UHPC 后浇	150×300	3 000	2⏀16	25	⏀8@150	2⏀8	$25d=400$
L1-5	C40 预制、UHPC 后浇	150×300	3 000	2⏀16	25	⏀8@150	2⏀8	$30d=480$
L1-6	C40 预制、UHPC 后浇	150×300	3 000	2⏀16	25	⏀8@150	2⏀8	$35d=560$
L1-7	C40 预制、C50 后浇	150×300	3 000	2⏀16	25	⏀8@150	2⏀8	$35d=560$
L1-0	C40 现浇	150×300	3 000	2⏀16	25	⏀8@150	2⏀8	整浇梁

表3-6 钢筋的力学性能

钢筋型号	屈服强度/ MPa	极限受拉强度/ MPa	弹性模量/GPa
⏀8	431.61	712.68	216
⏀16	506.24	700.64	225

表3-7 混凝土的实测强度

混凝土类型	C40	C50	UHPC
抗压强度/ MPa	41.97	51.73	129.71

2. 加载方案及测点布置

在每根受拉纵筋搭接段布设应变片 S1—S3(S4—S6),分别位于搭接段中点及两侧等间距处,以观察搭接钢筋是否存在滑移现象。每根试件梁加载前一天,在梁跨中位置沿梁高截面等间距布设 5 片混凝土应变片,以测量试件梁受力过程中的应变变化规律及是否满足平截面假定。应变片具体粘贴位置如图 3-10 和图 3-11 所示。

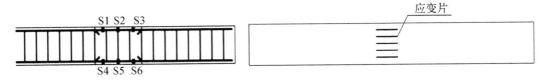

图 3-10 钢筋应变片布置   图 3-11 混凝土应变片布置

为消除剪切段的影响,试验采用三分点静力加载,中间形成 1 000 mm 长纯弯段,反力架下固定顶推力为 300 kN 的液压千斤顶,通过分配梁将荷载对称地施加于试件梁,试验加载装置及现场布置如图 3-12 所示。为防止局部受压破坏,在固定支座及滚动支座上、下均放有钢板。试验梁上部依次为反力架、压力传感器、液压千斤顶、分配梁,跨中放置位移计以测量跨中挠度,两端支座处同样对称放置位移计,以测量支座位移,从而消除支座沉降误差。

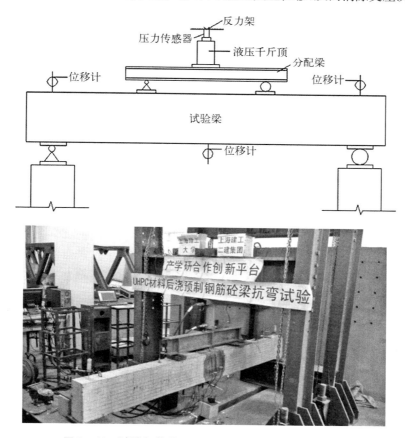

图 3-12　试验加载装置及现场布置(图中砼为混凝土)

为了检查各个仪器是否正常工作,正式试验前,先对试验梁预加载,预加载分 3 级,每级取计算开裂荷载的 20%,然后卸载调整。每级加载停歇 10 min,预载值不超过计算开裂荷载的 70%。正式加载时,每级加载值取标准荷载 Q_s(约 10 kN)的 20%,分 5 级加到标准荷载;在达到标准荷载之后,每级荷载取标准荷载 Q_s 的 10%;加载到计算开裂荷载 F_{cr} 的 90% 后,改为以标准荷载的 5% 加载;当荷载加到计算破坏荷载 F_d 的 90% 后,为求得精确的破坏荷载值,每级加载量取计算破坏荷载 F_d 的 5%。

3.3.2　试验现象及破坏过程

现浇混凝土梁 L1-0 和 UHPC 连接装配梁的一侧裂缝分布如图 3-13 所示。

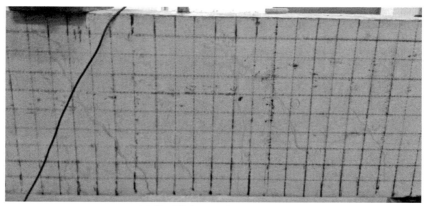

(a) 普通混凝土现浇梁裂缝分布

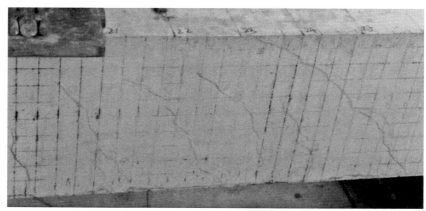

(b) UHPC连接装配梁的一侧裂缝分布

图 3-13 试验梁裂缝分布形态

对于现浇混凝土梁,以 L1-0 为例,在加载初期,随着荷载增大,混凝土及钢筋应变均呈线性增长,试件梁保持良好的受力形态,处于弹性工作状态;荷载达到 20 kN 时,试件开裂,梁底部加载点位置处及跨中梁底部处首先出现左右对称的弯曲裂缝,随着荷载进一步增大,试件梁两加载点之间裂缝不断增加,原有裂缝不断延伸,此阶段裂缝宽度增长缓慢;当荷载增加至 55 kN 时,受拉区纯弯段内弯曲裂缝数目基本不再增加,最大裂缝宽度可达0.2 mm,弯剪区开始出现斜向裂缝;当荷载增加至 90 kN 时,梁底部受拉钢筋达到屈服,纯弯段内裂缝高度和宽度迅速发展,形成 4~6 条宽度明显较大的主裂缝,上部受压区出现水平裂缝及多条细小裂缝,梁跨中挠度激增;当加载达到 102 kN 极限荷载后,裂缝处有明显吱吱声,荷载不再增加而挠度继续增长,试件破坏,表现为典型的适筋梁破坏。破坏时最大裂缝宽度达 1.99 mm,破坏时挠度为 37 mm。

以 L1-5 为例说明 UHPC 装配梁的破坏过程,荷载为 20 kN 时试件开裂,加载点处梁底部及后浇界面处首先出现竖向裂缝,裂缝宽 0.02~0.04 mm,随着荷载进一步增大,两加载点之间预制段部分裂缝数量不断增加,原有裂缝不断延伸,裂缝宽度有所增加但增速比较缓慢;加载至 50 kN 时,裂缝数量基本不再增加,最大裂缝宽度可达 0.2 mm;加载至 80 kN 时,试件进入屈服阶段,预制段主裂缝及后浇界面裂缝宽度迅速发展,加载点外侧弯剪区出现细长斜裂缝;加载至 101 kN 时,达到峰值荷载,受压区出现 1～2 条水平裂缝,跨中挠度迅速增加,试件破坏。破坏时,预制段及后浇界面裂缝宽度分别为 2.25 mm 和 2.76 mm,破坏挠度为 24.95 mm。

试件 L1-7 为普通混凝土装配梁,加载过程中,荷载为 15 kN 时,试件开裂,加载点处梁底部出现弯曲裂缝,后浇界面出现明显裂缝;加载至 20 kN 时,裂缝显著变宽,达到 0.4 mm;加载至 22 kN 时,底部纵筋基本屈服,弯曲裂缝继续增加,加载至 28 kN 时,裂缝数量基本不再增加,在预制段内共有 8 条竖向裂缝,最大宽度达 1.04 mm,后浇界面裂缝宽 2.13 mm;加载至 34 kN 时,荷载不再增加,达到峰值荷载,破坏时,预制段主裂缝及后浇界面裂缝宽度极大,达 7.5 mm,底部钢筋露出,破坏挠度达 28.81 mm。对比试件梁破坏过程可知:普通混凝土现浇梁裂缝首先出现在两加载点及跨中梁底部,之后随着荷载增大,两加载点之间裂缝不断增加,且裂缝分布较均匀,裂缝间距较大,弯剪区斜裂缝出现较多,破坏时形成多条主裂缝;UHPC 装配梁裂缝首先出现在新旧混凝土结合面和加载点处梁底部,之后随荷载增大,后浇界面裂缝宽度不断增大,两支座之间预制段内裂缝不断增加,但后浇的 UHPC 段由于抗拉强度较大,裂缝极少,破坏时,预制段主裂缝数量与普通混凝土现浇梁相当,但裂缝间距较小,且主裂缝位于后浇界面处,破坏时主裂缝宽度较大;普通混凝土装配梁裂缝主要位于纯弯段内,但裂缝数量较少且间距明显大于整浇梁和 UHPC 装配梁,预制段主裂缝及后浇界面裂缝宽度普遍较大。

3.3.3　试验结果及分析

1. 平截面假定适用性分析

通过在混凝土表面粘贴一定标距的混凝土应变片测得混凝土在试验过程中的应变变化情况,以 L1-3 为例,如图 3-14 所示,试验梁跨中混凝土在各级荷载下应变沿梁高的分布能够较好地符合平截面假定。达到开裂荷载后,随着荷载的进一步增加,中和轴不断上升,混凝土的应变值略有波动,但仍基本符合平截面假定,当裂缝较大后,部分应变片失效。

2. 荷载-跨中挠度分析

试验过程中,在跨中及两端支座处放置位移计,在消除支座沉降等误差后,得到加载过程中各试验梁的荷载-挠度曲线,如图 3-15 所示,UHPC 装配梁的荷载-挠度曲线与现浇混凝土对比梁相似,基本可分为 3 个阶段,第 1 阶段为试件开裂前的弹性阶段,荷载-挠度曲线呈线性增长,UHPC 装配梁的初始刚度与混凝土对比梁基本一致,试件开裂后进入第 2 阶段,即试件开裂至钢筋屈服前的带裂缝工作阶段,曲线斜率下降,出现第 2 个拐点,可以看出,随着搭接段长度的增加,UHPC 装配梁的屈服强度有所增加,随着荷载继续增加,曲线逐渐趋于水平,跨中挠度急剧增大,直至试件破坏。

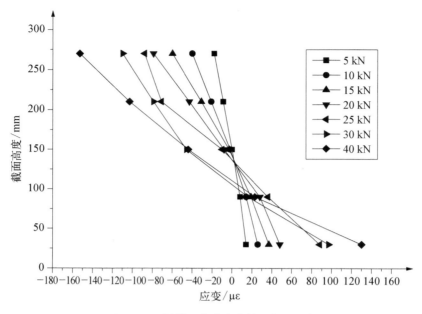

图 3-14　沿截面高度分布的混凝土应变

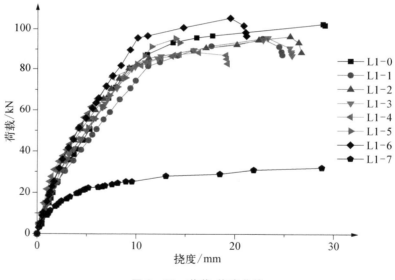

图 3-15　荷载-挠度曲线

随着搭接长度增加，UHPC 装配梁承载力有所提高，由图 3-15 可以看出：试件 L1-5、L1-6 的峰值荷载已接近和超越混凝土现浇对比梁，但破坏挠度小于现浇混凝土对比梁，原因在于 UHPC 装配梁存在事实上的施工缝，在承受荷载后，裂缝首先集中产生于预制段与后浇 UHPC 界面处，使得 UHPC 装配梁跨中后浇段整体下挠，跨中最大挠度处变得更为平缓，所以破坏挠度小于普通混凝土现浇梁。试件 L1-7 的曲线特点与普通混凝土现浇对比梁及 UHPC 装配梁不同，曲线初始阶段有一小段处于弹性阶段，且初始刚度明显较低,开裂之后,斜率明显下降,曲线不再为直线,加载至 22 kN 时,曲线开始趋于水平,破坏时,梁的承载力明显降低。

3. 荷载-跨中钢筋应变分析

根据试件梁受力主筋上粘贴的钢筋应变片测得的数据,得到各试件在加载过程中的荷载-跨中钢筋应变曲线,如图 3-16 所示。图 3-16(a)—(h)分别为每根试验梁所有测点分别测得的荷载-应变曲线,除 L1-1 试件由于搭接段过短只布置了 4 片应变片以外,其他试件梁均在受拉钢筋搭接段布置 6 片应变片。

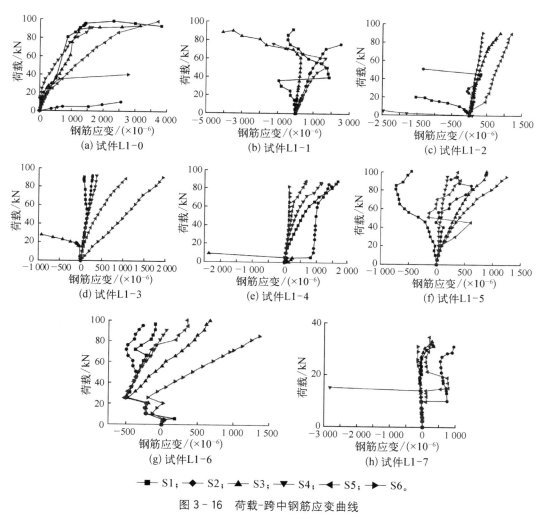

—■— S1; —◆— S2; —▲— S3; —▼— S4; —◀— S5; —➤— S6。

图 3-16 荷载-跨中钢筋应变曲线

L1-0 试件中应变片 S2 开始即失效,S6 在荷载达到 35 kN 左右时应变发生突变,其余 4 片在同一荷载水平下应变值相差不大,可据此判断钢筋未发生滑移;同理,以 L1-0 试件为标准分析 UHPC 装配梁,除个别应变片过早失效以及在加载过程中应变发生突变外,剩余有效应变值在同一荷载水平下数值差值与 L1-0 试件相当。L1-1 试件由于有效应变值过少,难以作出判断。故从 L1-2 试件开始(即 15d 的搭接长度),可以认为钢筋与混凝土没有发生滑移。L1-7试件中S4在开裂后应变突变从而失效,S2及S5在发生突变后最终逐渐稳定,且在突变前,各应变片数值基本相当,说明在混凝土后浇段钢筋与混凝土之间同样未发生滑移现象。

4. 裂缝开展及分布

试验时,对裂缝随荷载增加的分布及开展情况在梁上进行了观测及描绘,并利用裂缝宽度观测仪进行了裂缝宽度的测量。裂缝分布见图3-17,部分试件裂缝照片见图3-18。

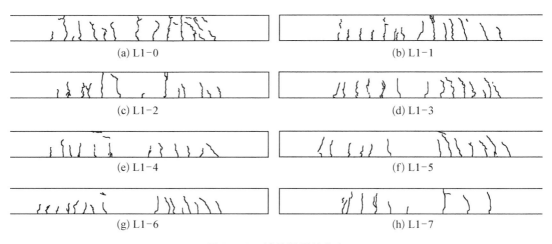

(a) L1-0

(b) L1-1

(c) L1-2

(d) L1-3

(e) L1-4

(f) L1-5

(g) L1-6

(h) L1-7

图3-17 试件梁裂缝分布

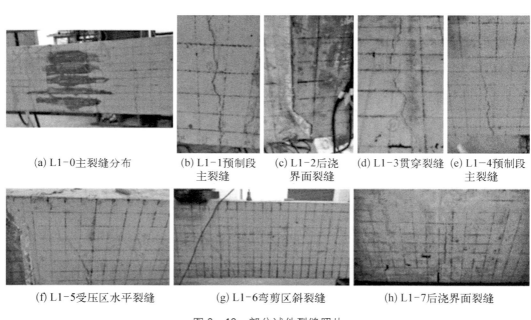

(a) L1-0主裂缝分布

(b) L1-1预制段主裂缝

(c) L1-2后浇界面裂缝

(d) L1-3贯穿裂缝

(e) L1-4预制段主裂缝

(f) L1-5受压区水平裂缝

(g) L1-6弯剪区斜裂缝

(h) L1-7后浇界面裂缝

图3-18 部分试件裂缝照片

由图3-17可以看出,3种试件梁的裂缝分布情况相似,但仍有不同。对于普通混凝土现浇梁,达到开裂荷载时,首先在跨中及两加载点位置处梁底部出现弯曲裂缝,且裂缝高度较高,此后,随着荷载增大,在两加载点之间裂缝数量稳定增加,原有裂缝不断发展,到一定荷载值后,裂缝数量基本稳定,接近屈服时,加载点外侧弯剪区内开始出现细长斜裂缝,原因在于试件梁内仅配置纵筋及等间距箍筋,未对梁端部区域的箍筋进行加密,从而导致抗剪能力不足;破坏阶段受拉区形成几条宽度明显较大的主裂缝,且各条主裂缝间距基本相当。

对于 UHPC 装配梁,达到开裂荷载时,裂缝首先产生于后浇界面以及加载点处梁底部,此后过程中,裂缝发展与现浇梁基本相似,至破坏时,在跨中后浇段左、右两侧对称出现 5～6 条弯曲裂缝。二者区别在于,UHPC 装配梁试验过程中,由于新旧混凝土黏结位置较为薄弱,导致此处开裂较早且裂缝宽度显著,裂缝沿分界线出现并且自上而下宽度基本一致,破坏时裂缝宽度较大,跨中后浇段内部由于 UHPC 高性能混凝土抗拉性能较强,试验过程中几乎无裂缝产生;预制段内竖直裂缝数量与现浇混凝土对比梁基本相当,但由于仍处于纯弯段内,后浇界面与加载点距离随搭接长度增加而减小,所以预制段竖直裂缝较为密集,裂缝间距较小。现浇混凝土对比梁由于整体性好,试件破坏时,主裂缝上下贯通,受压区出现多条水平裂缝且受压区混凝土压碎导致破坏,反观 UHPC 装配梁,由于整体性及延性较差,随着搭接长度增加,受拉区弯曲裂缝延伸高度有所下降。

而对于普通混凝土装配梁,裂缝同样首先出现在后浇界面和加载点处梁底部,此后随荷载增加,由于屈服荷载较小,裂缝迅速发展;至破坏阶段,在两加载点之间出现 8～9 条弯曲裂缝,且裂缝间距较大,显得较为稀疏,破坏时,裂缝宽度极大,远大于普通混凝土现浇梁及 UHPC 装配梁。

5. 承载力及变形性能

表 3-8 列出了试件开裂荷载 P_{cr}、屈服荷载 P_y、极限荷载 P_u 及各自对应的跨中位移 Δ_{cr}、Δ_y、Δ_u,用位移延性系数 μ 表征梁的延性,即 $\mu = \Delta_u / \Delta_y$。由表 3-8 可知,除试件 L1-4 外,UHPC 装配梁的破坏挠度随搭接长度增加而逐渐减小,原因在于搭接长度越长,后浇段 UHPC 高性能混凝土含量越高,试件梁刚度也越大,导致延性较差,破坏挠度较小,因而也造成 UHPC 装配梁的位移延性系数普遍较小。

表 3-8　梁的特征荷载及相应跨中位移

梁编号	P_{cr}/kN	Δ_{cr}/mm	P_y/kN	Δ_y/mm	P_u/kN	Δ_u/mm	位移延性系数 μ
L1-0	18.00	1.50	89.12	12.30	102.33	29.97	2.43
L1-1	25.00	1.85	81.70	11.26	95.33	26.47	2.35
L1-2	15.00	0.81	81.37	9.42	96.33	26.69	2.83
L1-3	20.00	1.23	73.31	8.40	95.67	25.74	3.06
L1-4	25.00	0.90	69.77	6.99	88.33	19.22	2.75
L1-5	20.00	1.32	81.70	10.02	101.67	24.95	2.49
L1-6	20.00	1.31	92.24	9.50	105.33	24.02	2.52
L1-7	10.00	1.19	22.33	6.215	34.67	28.81	4.63

UHPC 装配梁基本在荷载为 $20\sim25$ kN 时开裂,且除试件 L1-2 以外,均大于混凝土对比梁,说明增加搭接长度对开裂荷载影响不大;试件 L1-4 由于加载过程中固定支座破坏,导致承载能力较低,除此之外,试件梁的屈服荷载及破坏荷载与钢筋搭接长度关系不大,且均远大于普通混凝土装配梁 L1-7。

表 3-9 所列为承载能力极限状态实测值与计算值的对比结果,由表 3-9 可知,UHPC 装配式混凝土梁的试验值与设计值的比值均大于1.3,说明这种装配梁的承载力有足够的安全储备,承载力满足工程要求。对试件 L1-7 而言,因其试验值与计算值的比值仅为0.51,故在装配式混凝土构件中采用后浇普通混凝土的钢筋搭接连接方式是不可取的。

表 3-9 承载能力极限状态实测值与理论计算结果对比

梁编号	试验值/kN	计算值/kN	试验值/计算值
L1-0	96.00	67.52	1.42
L1-1	87.67	67.52	1.30
L1-2	88.00	67.52	1.30
L1-3	90.33	67.52	1.34
L1-4	88.00	67.52	1.30
L1-5	93.00	67.52	1.38
L1-6	97.67	67.52	1.45
L1-7	34.67	67.52	0.51

3.3.4 结论

通过对 8 根试验梁试验过程及试验数据的对比,得出以下结论:

(1) UHPC 装配梁加载过程中也经历了弹性、纵筋屈服、受压区破坏等阶段,表现出适筋梁的破坏特征,破坏时裂缝形态及裂缝数量与混凝土对比梁相似,裂缝分布均匀,但裂缝间距随搭接长度增加有所减小,后浇段内部裂缝极少。

(2) UHPC 装配梁加载过程中符合平截面假定。

(3) UHPC 装配梁承载力实测值与计算值的比值均大于1.3,并具有足够的承载力安全储备,满足工程要求,增大钢筋搭接长度对提高 UHPC 装配梁的开裂荷载影响不大。

(4) UHPC 装配梁在开裂荷载、屈服荷载、极限荷载等方面均明显优于普通混凝土装配梁,钢筋搭接长度为 $10d$ 时,承载力和变形能力与现浇混凝土对比梁比较接近,因此,当钢筋搭接长度为 $10d$ 时,已能够满足设计和施工需求。

3.4　基于 UHPC 连接的装配式框架柱抗震性能试验研究

3.4.1　试验概况

1. 试件设计

本次试验共设计了 6 组试件,其中包括 5 组 UHPC 材料后浇预制柱和 1 组混凝土整浇柱。UHPC 使用上海罗洋新材料科技有限公司的 Tenacal T180 型号材料。试件柱主体尺寸为 300 mm×300 mm×1 080 mm,后浇柱的预制部分和整浇柱的混凝土强度等级为 C40,设计轴压比为 0.1,保护层厚度取 30 mm。

预制顶梁为柱传递横向荷载,尺寸为 400 mm×400 mm×600 mm;预制底梁尺寸为 400 mm×400 mm×900 mm,设计时,在底梁两端预留直径为 70 mm 的 PVC 孔,主要用于地锚螺栓与地面连接,起固定作用。预制试件 U-1—U-5 通过柱底部与底梁预留纵筋搭接,以箍筋约束,使用 UHPC 材料对此区域进行浇筑;梁、柱纵向钢筋采用Ⅲ级带肋钢筋,箍筋采用Ⅰ级光圆钢筋,试件相关参数和配筋详见表 3-10。

表 3-10　试件参数

试件编号	构件类型	搭接长度/mm	截面尺寸/(mm×mm)	混凝土等级	纵筋配筋	箍筋配筋
U-1	UHPC 后浇	480	300×300	C40	4 ϕ 16	ϕ 8@100
U-2	UHPC 后浇	400	300×300	C40	4 ϕ 16	ϕ 8@100
U-3	UHPC 后浇	320	300×300	C40	4 ϕ 16	ϕ 8@100
U-4	UHPC 后浇	240	300×300	C40	4 ϕ 16	ϕ 8@100
U-5	UHPC 后浇	160	300×300	C40	4 ϕ 16	ϕ 8@100
PC-1	混凝土整浇	480	300×300	C40	4 ϕ 16	ϕ 8@100

为了保证预制段与后浇段充分接触,在预制柱端、梁端搭接面设置凹槽和粗糙面,凹槽角度取 30°,粗糙面凹凸深度为 6 mm。试件尺寸构造详见图 3-19。

2. 试验装置与加载程序

试件加载装置如图 3-20 所示,试验中,恒定轴压由安装在反力架平衡梁上的竖向千斤顶施加,一次性加载到预定值 172 kN,并在试验过程中实时保持恒定。使用 MTS 水平作动器在试件的柱自由端实施往复水平拉压荷载,作动器与柱顶部通过连接件连接。

反复试验荷载的加载程序采用荷载-位移混合控制方法。在结构构件达到屈服荷载前,采用荷载控制,以 5 kN 为一级,每次荷载循环 1 次,试验柱的屈服点按受拉钢筋是否达到屈服应变来确定。柱纵筋受拉屈服时,顶梁加载点处的水平向位移即为屈服位移。在结构构件达到屈服荷载后,采用屈服位移的倍数点作为回载控制点,每级循环 3 次,直至柱承载力下降到计算正截面受弯极限承载力的 85% 左右停止。

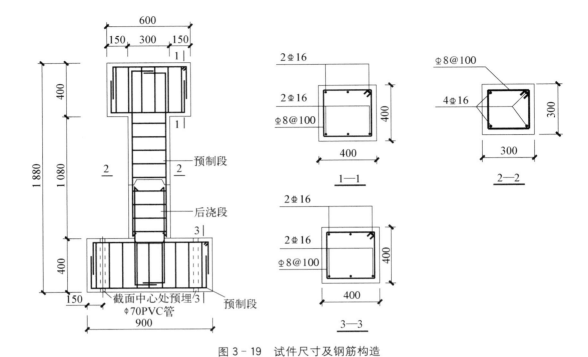

图 3-19　试件尺寸及钢筋构造

(a) 试件加载简图

(b) 试件加载装置照片

图 3-20　试件加载图

3. 测点布置

MTS 水平作动器的荷载与试件位移通过传感器由计算机自动采集,并实时控制加载过程,绘制 P-Δ 曲线。为与 MTS 采集的柱顶水平位移进行校核,在与柱顶水平力加载点同高的位置布置 1 个位移计。另外,在底梁两端各布置 1 个位移计,观测梁两端的竖向位移。分别在弯矩最大处的柱纵筋和箍筋上粘贴电阻应变片来采集试验数据,以分析判断柱子的受力状态。

3.4.2　试验结果及分析

1. 破坏特征

混凝土整浇柱和 UHPC 连接预制柱破坏裂缝分布如图 3-21 所示。

1) 试验过程

为了方便解释试验的破坏过程,定义垂直于受力方向的柱面为正反面,平行于受力方向的柱面为前后侧面,试验过程如下:

(1) 在混凝土整浇柱试件的加载试验过程中,当加载到 30 kN 时,试件正反面出现初始水平裂缝;加载至 40 kN,柱正反面的水平裂缝向柱侧面斜向延伸并不断加宽,越靠近柱底部,裂缝的倾斜角度越大;试验继续反复加载,正面柱脚处出现纵向裂缝,柱底部纵向钢筋受拉屈服,混凝土压碎,部分纵向受压钢筋压屈外鼓,试件的最终破坏均发生在柱底部。

(2) 在 UHPC 连接预制柱试件的加载试验过程中,当加载到 20~30 kN 时,试件初

(a) 混凝土整浇柱破坏裂缝　　　　　　　　(b) UHPC连接预制柱斜向裂缝

图 3-21　混凝土柱破坏裂缝图

始裂缝出现在后浇接缝与柱底部;继续加载,试件 1/3 高度处混凝土出现水平裂缝;加载到 50 kN 时,1/3 高度处混凝土裂缝的发展较后浇接缝处裂缝的发展更明显,裂缝宽度迅速加宽;持续加载,由于 UHPC 材料的高强度性能,UHPC 后浇段本身不会破坏,从而导致混凝土底座侧面出现竖直裂缝,底座侧面拉扯出横向及斜向裂缝,破坏时柱底榫头翘起现象明显。

2) 混凝土整浇柱与 UHPC 连接预制柱的破坏情况对比

对比混凝土整浇柱与 UHPC 连接预制柱试件的破坏情况,可以得到如下不同:

(1) 初始裂缝出现位置不同:混凝土整浇柱开裂位置在距柱底 1/3 范围内,而 UHPC 连接预制柱由于黏合力不够,裂缝最开始均出现在后浇接缝处。

(2) 裂缝性质不同:混凝土整浇柱第一批水平裂缝即为最终主裂缝,而 UHPC 连接预制柱接缝处裂缝虽产生时间早,但后期无明显变化,仍以混凝土裂缝为主。

(3) 整体破坏形态不同:混凝土试件破坏均发生在柱本身,而 UHPC 连接预制柱由于材料的高强度,UHPC 部分约束能力很强不会破坏,从而导致底座混凝土被压碎,同时,由于拉拔作用,底座会产生斜向裂缝及竖直裂缝。

(4) 最终破坏形式不同:混凝土整浇柱最终破坏形式为柱底部混凝土被压碎,而 UHPC 连接预制柱破坏形式为榫头翘起破坏。

2. $F-\Delta$ 滞回曲线

6 个试件的滞回曲线如图 3-22 所示。

由图 3-22 可以发现:

(1) 6 个试件的滞回曲线形状、大小及演变过程基本相似,滞回环均较为饱满。

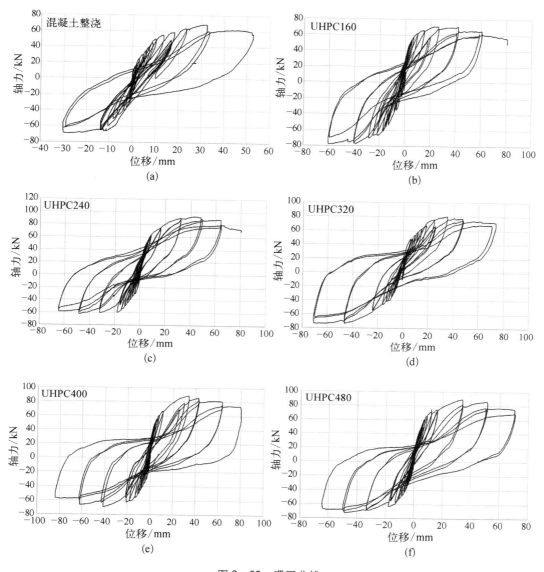

图 3 - 22　滞回曲线

（2）相比于混凝土整浇试件，5 个 UHPC 连接预制试件的滞回曲线"捏缩"效应均比较明显，滞回环形状呈弓形，表示试件受到一定的滑移影响，同时，滑移量随搭接长度增加略有增大。

（3）从滞回环的面积和饱满程度上可以判断，UHPC 连接预制试件的耗能能力是优于混凝土整浇试件的，随着 UHPC 连接预制试件搭接长度逐渐增大，试件的整体耗能能力都在不断提升，且均好于混凝土整浇试件。

（4）搭接长度为 $10d$ 的 UHPC 连接预制试件的耗能能力已经与混凝土整浇试件相当。

3. 骨架曲线主要特征点及延性系数

试件的荷载位移骨架曲线如图 3 - 23 所示。

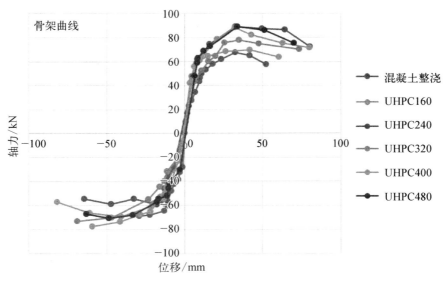

图 3-23　骨架曲线

由图 3-23 可知：混凝土整浇试件与 UHPC 连接预制试件的初始刚度基本一致，屈服荷载、变形能力大体相似，UHPC 后浇试件的最大荷载和极限荷载均大于混凝土整浇试件，试件整体耗能能力较完好。

6 个试件的屈服荷载、屈服位移、最大荷载、最大位移、破坏荷载、极限位移、延性系数等相关数据如表 3-11 所列。

表 3-11　试件骨架曲线主要特征点试验结果与延性系数

试件编号	屈服荷载/kN	屈服位移/mm	最大荷载/kN	最大荷载位移/mm	极限荷载/kN	极限位移/mm	延性系数
混凝土整浇	50.2	10.8	67.8	32.4	57.6	52.2	4.83
UHPC160	61.4	9.8	69.9	41.8	63.7	60.6	6.18
UHPC240	52.8	10.2	78.1	34.9	73.6	70.1	6.87
UHPC320	61.1	8.2	87.6	49.5	72.3	80.3	9.79
UHPC400	58.5	7.3	88.2	32.5	71.7	79.9	10.95
UHPC480	59.1	8	90.3	33.8	75.5	70.1	8.76

（1）整浇试件与 UHPC 连接预制试件的屈服荷载大体相当，屈服位移也都保持在 20 mm 左右。

（2）UHPC 连接预制试件的最大荷载均大于混凝土整浇试件，荷载增大范围在 3.1%～31.9%之间。

（3）除搭接长度 30d 的 UHPC 连接预制试件的极限位移与混凝土整浇试件大致相等外，其余 UHPC 连接预制试件的极限位移均大于混凝土整浇试件 21% 左右。

（4）根据试件的延性系数可以看出，UHPC 连接预制试件的变形能力均好于混凝土整浇及后浇试件，搭接长度 10d 及 15d 的试件延性均较高，整体 UHPC 试件延性与混凝土整浇试件相似或好于混凝土整浇试件。

3.4.3　结论

（1）试件破坏过程中，纵向受拉钢筋屈服，受压钢筋压屈，均保证了钢筋性能的充分发挥和力的完整传递，且 UHPC 试件的承载能力均好于混凝土整浇试件。

（2）从试件延性系数可看出，UHPC 试件的整体延性相似或好于混凝土整浇试件。

（3）从试件的滞回曲线可以看出，搭接长度为 10d 的 UHPC 试件耗能能力已经与混凝土整浇试件相当，UHPC 试件整体的耗能能力均好于混凝土整浇试件。

（4）搭接长度为 10d 的 UHPC 后浇试件已经具备混凝土整浇试件的性能，可以作为代替整浇及灌浆套筒工艺的选择。

3.5　基于 UHPC 连接的装配式框架节点抗震性能试验研究

3.5.1　试验概况

1. 试验设计

本试验共设计了 7 个钢筋混凝土框架节点试件，试件几何尺寸及配筋见图 3-24。编号 CA0 的试件为整浇试件，混凝土强度等级为 C30；编号 UA1—UA6 的试件为装配式预制试件，预制试件的混凝土强度等级为 C30，后浇段采用 UHPC 材料浇筑，后浇段梁纵筋搭接长度分别为 35d、30d、25d、20d、15d、10d，相关设计参数见表 3-12。

表 3-12　试件参数

试件	搭接长度	梁纵筋	梁箍筋	柱纵筋	柱箍筋	节点加密箍筋	梁加密区长度/mm	柱加密长度/mm
CA0	整浇	4⏀10	⏀6@150	4⏀16	⏀6@150	⏀6@100	400	250
UA1	35d	4⏀10	⏀6@150	4⏀16	⏀6@150	⏀6@100	400	250
UA2	30d	4⏀10	⏀6@150	4⏀16	⏀6@150	⏀6@100	400	250
UA3	25d	4⏀10	⏀6@150	4⏀16	⏀6@150	⏀6@100	400	250
UA4	20d	4⏀10	⏀6@150	4⏀16	⏀6@150	⏀6@100	400	250
UA5	15d	4⏀10	⏀6@150	4⏀16	⏀6@150	⏀6@100	400	250
UA6	10d	4⏀10	⏀6@150	4⏀16	⏀6@150	⏀6@100	400	250

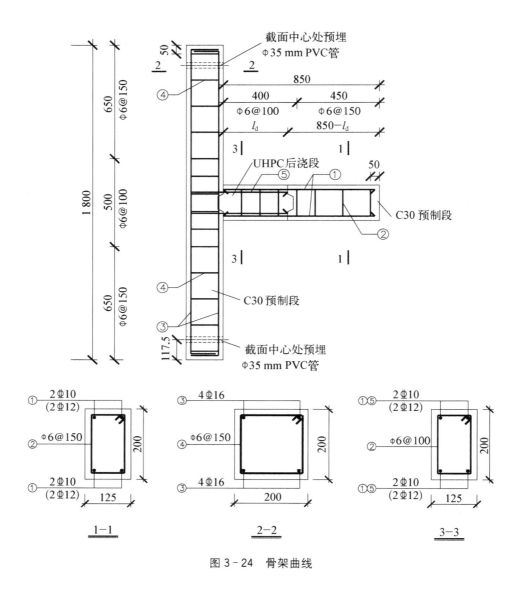

图 3-24 骨架曲线

　　为改善装配式节点的整体性,预制梁、柱在后浇段界面处设置键槽和粗糙面,粗糙面凹凸深度为 6 mm。

　　2. 材料性能试验

　　整浇试件和预制试件的受力筋以及柱中部和梁端的预埋筋均采用 HRB400 级钢筋,箍筋采用 HPB300 级钢筋。整浇试件和预制构件采用 C30 混凝土,连接预制构件的后浇材料使用 UHPC 材料。本试验预留的钢筋和混凝土试块的强度分别根据《金属材料　拉伸试验　第 1 部分:室温试验方法》(GB/T 228.1—2021)[24] 和《混凝土物理力学性能试验方法标准》(GB/T 50081—2019)[25] 实测得到,钢筋实测力学性能参数见表 3-13,UHPC 和 C30 混凝土立方体抗压强度实测值见表 3-14。

表 3-13　钢筋实测力学性能

钢筋等级	直径/mm	f_y/ MPa	f_u/ MPa	δ/%	E_s/GPa
HPB300	6	292.52	668.12	10.00	281.10
HRB400	10	476.42	703.85	28.00	244.86
HRB400	12	489.30	678.71	21.07	198.07
HRB400	16	489.30	678.71	25.63	246.61

表 3-14　UHPC 和混凝土立方体实测抗压强度

材　料	f_c/ MPa
C30	32.71
UHPC	124.67

3. 试验加载及测量

框架节点试验加载装置如图 3-25 所示。试验设计轴压比为 0.15,用千斤顶在柱端分两级加载至 71.5 kN。在梁端采用 50 t 级 MTS 电液伺服作动器施加水平荷载,采用荷载位移控制,屈服前用荷载控制,每级 1 kN;屈服后用位移控制,以 1 倍、2 倍、3 倍……的屈服位移量进行加载,每级荷载下循环两次,直至试件出现较明显的损伤破坏或承载力下降到极限荷载的 85% 时试验终止。

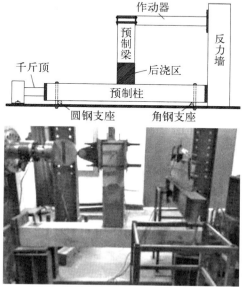

图 3-25　预制梁柱节点试验加载装置

梁自由端位移用拉线位移传感器量测,节点剪切变形用沿对角线方向的百分表测量,钢筋应变用电阻应变片量测,各测点数据统一由 DHDAS5921 数据采集仪采集处理。

3.5.2　试验现象和破坏特征

1. 整浇试件

整浇试件 CA0 在水平荷载 $P=2$ kN 时,距梁端部 120 mm 处受拉面出现细微裂缝;$P=9$ kN 时,梁柱连接面在受拉处出现可闭合裂缝;$P=13$ kN 时,钢筋应变片显示梁端纵筋屈服;随着节点屈服,使用位移控制继续加载,梁端裂缝增多,核心区没有明显裂缝;3 倍屈服位移时,距离梁端 200 mm 内裂缝贯穿截面,形成明显塑性铰,混凝土表面压碎;试件承载力下降至最大承载力的 85% 时试验终止,试件为梁端弯曲破坏。最终破坏形态如图 3-26 所示。

图 3-26　试件 CA0 的破坏形态　　　　图 3-27　试件 UA1 的破坏形态

2. PC 试件

PC 试件 UA1—UA6 的破坏特征相似,最终破坏形态见图 3-27。在水平荷载 $P=8$ kN 时,梁端预制段靠近 UHPC 后浇区的受拉处出现细微裂缝,钢筋搭接长度越长,梁预制段裂缝越少;随后,梁端后浇段与预制柱新旧结合面在受拉处产生水平裂缝,且在持续加载中不断扩大;1 倍位移控加载时,梁柱结合处纵筋屈服,由于 UHPC 材料强度很大,后浇区没有产生裂缝,梁柱结合面处形成塑性铰,节点核心区出现可闭合裂缝;3 倍位移控加载时,核心区出现"X"形剪切裂缝,且随着位移荷载增大,裂缝向柱身扩展;试件出现严重破坏或试件承载力下降至最大承载力的 85% 时试验终止,试件为核心区剪切破坏。

3.5.3　试验结果分析

1. 滞回曲线

各试件的 $P-\Delta$ 滞回曲线如图 3-28 所示。由图 3-28 可知:

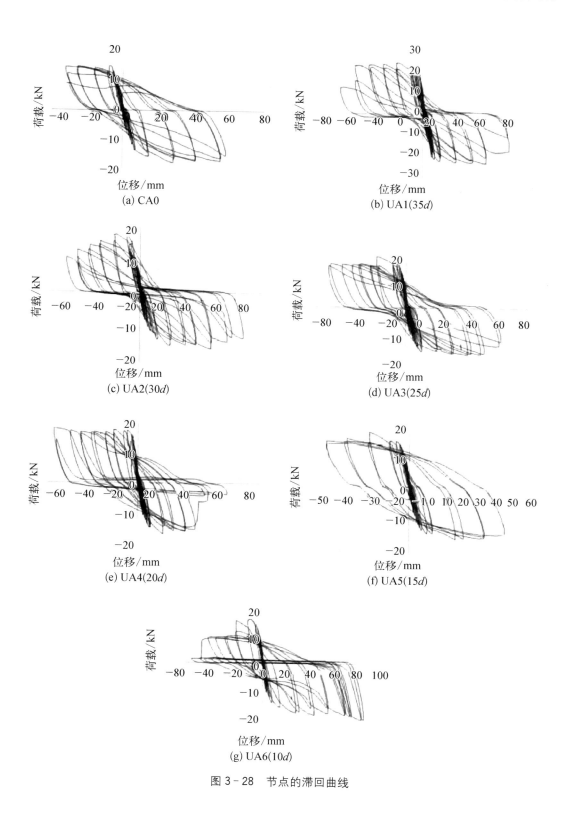

图 3 - 28　节点的滞回曲线

（1）在梁端钢筋屈服前，7个试件的滞回环均呈现饱满的梭形。在加载后期，由于梁端、新旧连接面及核心区开裂耗能，滞回环出现不同程度的捏拢现象。整浇试件的滞回环形状较为饱满，而装配式节点滞回环出现捏缩现象，耗能能力较整浇节点略差，但仍能满足要求。

（2）随着位移荷载增大，梁端塑性铰形成和发展，各个节点的滞回环所包围的面积随着侧移的增加而增大，耗能能力不断增加。

（3）整浇试件节点核心区仅发生细微可闭合裂缝，整浇试件的滞回特性由梁端的转动能力所决定，破坏特征表现为梁端纵筋屈服和混凝土被压碎；UHPC连接的装配式节点核心区滞回性能由梁端的转动、核心区开裂以及柱身开裂程度所决定。

2. 骨架曲线

骨架曲线是滞回曲线的各级加载第一次循环的峰值点所连成的包络线，反映了构件在各个不同阶段的受力与变形（强度、刚度、延性、耗能等）特性。试件的荷载-位移骨架曲线如图3-29所示，由图可知：UHPC材料连接的装配式节点的极限承载力和初始刚度与整浇节点相当，或高于整浇节点。

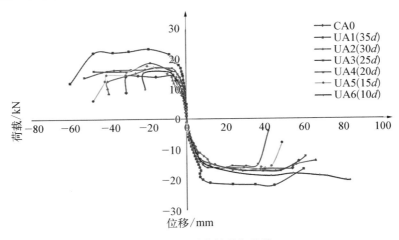

图3-29　节点的骨架曲线

表3-15为各试件骨架曲线特征值的实测值和延性系数。从图3-29和表3-15可以看出：

（1）使用UHPC材料后浇连接、搭接长度10d的装配式节点初始刚度、承载能力即可与整浇试件相当。

（2）装配式节点的延性系数普遍略低于整浇节点，在相同轴压比下，装配式节点的侧向变形能力略低于整浇节点。

（3）装配式节点的承载能力与侧向变形能力并不随搭接长度的增大而明显变化。

3. 核心区剪切变形

本书用节点的剪切延性系数μ_γ来度量节点受力时的节点变形性能，其计算公式为

$$\mu_\gamma = \frac{\gamma_u}{\gamma_y}$$

表 3 - 15 节点特征点值和延性系数

试件编号	方向	屈服荷载		最大荷载		极限荷载		延性系数
		P_y/kN	Δ_y/mm	P_m/kN	Δ_m/mm	P_u/kN	Δ_u/mm	$\mu = \Delta_u/\Delta_y$
CA0	推	13.07	−5.46	14.81	−7.49	12.59	−31.07	5.70
	拉	−13.18	6.82	−17.18	28.67	−14.60	56.51	8.28
UA1(35d)	推	20.15	−6.87	23.69	−19.27	20.13	−50.56	7.36
	拉	−19.23	6.79	−22.05	44.99	−18.74	54.38	8.00
UA2(30d)	推	17.03	−8.80	17.49	−16.84	14.87	−29.81	3.39
	拉	−14.38	11.61	−17.19	45.67	−14.61	59.82	5.15
UA3(25d)	推	16.21	−7.53	18.96	−18.47	16.11	−48.36	6.42
	拉	−16.07	10.73	−17.33	39.33	−14.73	55.62	5.18
UA4(20d)	推	17.14	−7.18	17.33	−15.55	14.73	−49.62	6.92
	拉	−14.31	8.50	−16.53	16.29	−14.05	37.16	4.37
UA5(15d)	推	15.26	−9.62	17.97	−20.10	15.28	−31.04	3.23
	拉	−14.16	6.70	−16.99	23.68	−14.44	44.46	6.63
UA6(10d)	推	16.11	−9.69	16.11	−9.69	13.69	−21.74	2.24
	拉	−16.08	13.74	−20.51	84.19	−20.51	84.19	6.13

式中 γ_u——核心区极限剪切角；

γ_y——核心区屈服剪切角。

通过量测核心区对角线长度变化Δ_1和Δ_2，利用几何关系得到剪切变形为

$$\gamma = \frac{\sqrt{a^2+b^2}}{ab}\left[\frac{\Delta_1+\Delta_2}{2}\right]$$

式中，a、b 分别为核心区高度和宽度；

$$\Delta_1 = \delta_1 + \delta_1', \Delta_2 = \delta_2 + \delta_2'$$

表 3 - 16 列出了试验 7 个试件的剪切角 γ 及剪切延性系数 μ_γ。从表 3 - 16 可知：

（1）装配式节点核心区剪切变形显著大于整浇节点，表明其核心区破坏较为严重，这与观察到的试验现象一致。

（2）装配式节点核心区剪切变形呈现出随着搭接长度增加而增大的趋势。

71

（3）搭接长度对节点剪切延性没有规律性影响。

表 3-16　试件的节点剪切角 γ 及剪切延性系数 μ_γ

试件编号	方　向	屈服剪切角	极限剪切角	剪切延性
		γ_y/rad	γ_u/rad	μ_γ
CA0	推	0.81×10^{-3}	4.85×10^{-3}	5.97
	拉	5.34×10^{-3}	6.42×10^{-3}	1.20
UA1(35d)	推	4.58×10^{-3}	40.98×10^{-3}	8.94
	拉	5.79×10^{-3}	33.19×10^{-3}	5.73
UA2(30d)	推	16.02×10^{-3}	16.21×10^{-3}	1.01
	拉	21.36×10^{-3}	30.25×10^{-3}	1.42
UA3(25d)	推	3.06×10^{-3}	27.36×10^{-3}	8.94
	拉	6.41×10^{-3}	27.28×10^{-3}	4.26
UA4(20d)	推	2.97×10^{-3}	9.91×10^{-3}	3.33
	拉	4.53×10^{-3}	10.22×10^{-3}	2.25
UA5(15d)	推	2.29×10^{-3}	15.31×10^{-3}	6.69
	拉	4.42×10^{-3}	13.77×10^{-3}	3.12
UA6(10d)	推	3.87×10^{-3}	6.93×10^{-3}	1.79
	拉	6.25×10^{-3}	11.12×10^{-3}	1.78

4. 承载力退化

在同一位移幅值下,试件承载力随荷载循环次数的增加而降低的特性可用强度退化系数 λ_i 表示,强度退化系数的计算公式为

$$\lambda_i = \frac{F_j^i}{F_j^1}$$

式中　F_j^i——第 j 级加载时第 i 次循环峰值点荷载值;

F_j^1——第 j 级加载时第 1 次循环峰值点荷载值。

本书 7 个试件的承载力退化曲线见图 3-30。

从图 3-30 可知,装配式节点的承载力退化程度与整浇节点相当,搭接长度对节点承载力退化并无明显影响,可见,UHPC 材料与钢筋的黏结力足够,可以使节点在梁柱新旧面开裂形成塑性铰后,保证承载力不发生显著退化。

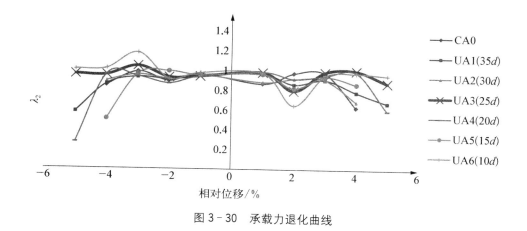

图 3‑30　承载力退化曲线

3.5.4　结论

（1）使用 UHPC 材料连接,钢筋搭接长度 10d 的装配式节点试件与整浇混凝土节点试件即可具有相当的抗震能力,说明使用 UHPC 材料后浇连接装配式框架节点可以有效缩短钢筋搭接长度,降低施工难度。

（2）试验过程中,整浇节点 CA0 的破坏形态为梁端弯曲破坏,滞回曲线较为饱满;装配式节点试件 UA1—UA6 的薄弱截面为梁柱结合面,具有良好的整体性。

（3）装配式节点承载力退化程度与整浇节点相当,说明 UHPC 材料对钢筋有良好的黏结能力。在装配式节点中,虽然在预制梁柱与后浇段的界面处都设置了键槽和粗糙面,但因两种材料收缩性能的差异,出现轻微的施工缝,成为整个试件的薄弱部位,如同预制构件与现浇混凝土的界面问题一样,因此,在 UHPC 材料与预制构件的界面仍需采取设置粗糙面、键槽等构造措施。

3.6　结语

通过在 UHPC 中的钢筋拉拔试验证实,用于测定 UHPC 与高强钢筋黏结强度的中心拉拔试件的合理锚固长度可取为 4d,因此,UHPC 连接中的钢筋搭接长度建议取 10d 钢筋直径"短搭接"。

基于 UHPC 连接的预制混凝土梁的承载能力明显优于普通混凝土装配梁,钢筋搭接长度为 10d 时,承载力和变形能力与现浇混凝土对比梁比较接近,因此,当搭接长度为 10d 时,已能够满足设计和施工需求。

基于 UHPC 连接的装配式框架柱承载能力、整体延性、耗能能力均好于混凝土整浇试件。搭接长度为 10d 的 UHPC 后浇试件已经具备混凝土整浇试件的性能,可以作为代替整浇及灌浆套筒工艺的选择。

基于 UHPC 连接的装配式框架节点试验证明,钢筋搭接长度 $10d$ 的装配式节点试件与整浇混凝土节点试件具有相当的抗震能力。

前述章节中的试验表明,使用 UHPC 材料后浇连接可以将钢筋搭接长度有效缩短至 $10d$,对应的 UHPC 试件耗能能力与混凝土整浇试件相当,能够满足工程需要,可以代替现有钢筋连接工艺,大大降低了施工难度,为建立基于 UHPC 连接的新型装配式结构体系提供扎实的研究依据。

第4章 基于 UHPC 连接的装配式框架结构体系研究及应用

4.1 引言

上海建工二建集团发明了两种基于 UHPC"钢筋直锚短搭接"的新型装配式框架结构形式（PCUS），即"梁柱构件预制＋节点后浇 UHPC 材料"体系（PC1）和"梁柱构件预制＋节点预制＋后浇 UHPC 材料连接"体系（PC2）。PC1 和 PC2 体系的节点连接如图 4－1 和图 4－2 所示。其中，PC1 体系采用梁柱预制、节点核心区后浇 UHPC 材料连接的形式，将性能优异的超高性能混凝土材料用于受力最为复杂、施工难度最大的梁柱节点核心区域，节点强度高，受力性能好。预制构件全部为一维构件，便于运输和安装；PC2 体系采取梁柱构件预制＋节点预制＋后浇 UHPC 材料连接的形式，所有预制构件均为一维或二维构件，便于运输和安装，预制梁与预制节点的连接部位位于梁端 1.5 倍梁高处。这一新型结构体系保证了节点区域的施工质量，有利于形成梁端塑性铰，符合现行规范"强柱弱梁，强节点弱构件"设计原则。

图 4－1 PC1 结构体系节点连接 3D 示意图

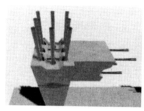

图 4－2 PC2 结构体系节点连接 3D 示意图

在研发过程中，首先进行了两种基于 UHPC 的新型装配式框架结构体系的抗震性能试验研究，研究结果表明：装配式框架的开裂荷载比现浇框架提高 11%，层间和整体屈服

荷载提高 $0.3\%\sim4.5\%$,峰值荷载提高 $0.2\%\sim3.7\%$,极限荷载提高 $2.5\%\sim4.6\%$,预制框架承载力达到了等同现浇的水平。预制框架的正、负向极限位移角分别为 1/34 和 1/36,大于罕遇地震作用下弹塑性层间位移角 1/50 的限值,满足"大震不倒"的位移要求,具有良好的抗倒塌能力。装配式框架和现浇框架均实现了"强柱弱梁,强节点弱构件"的设计目标。装配式框架具有与现浇框架同等水平的位移变形能力和耗能能力。装配式试件顶点正、负向极限位移角分别为 1/34 和 1/36,满足规范中罕遇地震作用下位移角限值,满足"大震不倒"的设计要求。装配式框架的刚度退化、强度退化趋势和规律与现浇框架一致。装配式框架的变形恢复能力大于现浇框架,有利于震后修复工作。装配式试件符合《装配式混凝土结构技术规程》(JGJ 1—2014)提出的"实现装配式结构与现浇混凝土结构基本等同"的要求,具备在实际工程中应用的技术可行性。

本书以上海市白龙港地下污水处理厂和金山枫泾海玥瀜庭项目为依托,通过 1∶1 模型的载荷试验对装配式结构的实施效果进行了验证,分析了试验结构的承载力和主梁的最大挠度,评估了结构的安全储备和工作性能。然后分别针对白龙港地下污水处理厂和金山枫泾海玥瀜庭项目对新型装配式结构建造技术展开论述,介绍了装配式结构的总体设计方案,以及预制节点、预制柱和预制楼板等主要预制构件的设计细节,详细阐述了预制构件的运输、堆放、吊装关键施工步骤,形成了一套完整的地下装配式混凝土结构高效施工方法。

4.2　基于 UHPC 连接的装配式框架结构抗震试验研究(一)

4.2.1　试验目的

通过对一榀整浇混凝土框架和一榀以 UHPC 材料后浇节点连接预制构件的装配式框架进行低周反复加载试验,对比分析二者试验结果以验证装配式框架是否能达到整浇试件抗震水平。

4.2.2　试验对象

本试验设计制作了两榀两层两跨混凝土框架,缩尺比例均为 1∶2,两榀框架的尺寸、配筋及设计参数均相同,其中整浇试件编号 RC,装配式框架编号为 PC1。整浇试件及装配式框架预制段混凝土强度等级均为 C30,装配式后浇段 UHPC 材料强度等级为 C100。试件层高 1.8 m,每跨长 3 m。试件设计参考《混凝土结构设计规范》(GB 50010—2010)、《建筑抗震设计规范》(GB 50010—2011)及《装配式混凝土结构技术规程》(JGJ 1—2014)。

1. 整浇试件

梁截面尺寸 $b\times h$ 为 150 mm×300 mm,纵向受力钢筋为 4 Φ16,梁箍筋为 ϕ6@75/140(2),梁端箍筋加密区长度为 450 mm。

柱截面尺寸 $b×h$ 为 300 mm×300 mm,柱纵向受力钢筋布置为 8 ⬨ 20,柱箍筋布置为 φ8@100/150(2),底层柱下端箍筋加密区长度为 500 mm,其余柱端箍筋加密区长度为 300 mm,整浇框架柱头箍筋加密采用 φ8@50。

基础梁的截面尺寸 $b×h$ 为 600 mm×500 mm,纵向受力钢筋为 10 ⬨ 20,箍筋为 φ8@100/200(4),腰筋拉筋采用 φ8@200/400,隔一拉一,箍筋加密区长度为 500 mm。基础梁预留 6 个直径 75 mm 的螺栓孔,通过 6 个螺纹规格为 M48 的地脚螺栓与实验室地槽锚固,起固定框架模型的作用,并在基础梁端各设置两个吊环,吊环采用 φ22 mm 的 HPB300 圆钢制作。梁、柱混凝土保护层厚度均为 20 mm。试件的外形尺寸及配筋见图 4-3。

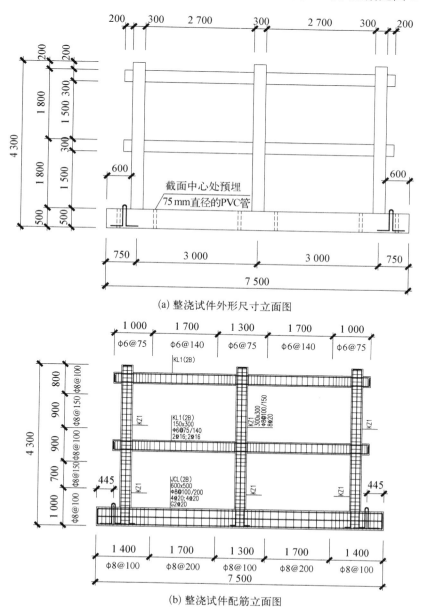

(a) 整浇试件外形尺寸立面图

(b) 整浇试件配筋立面图

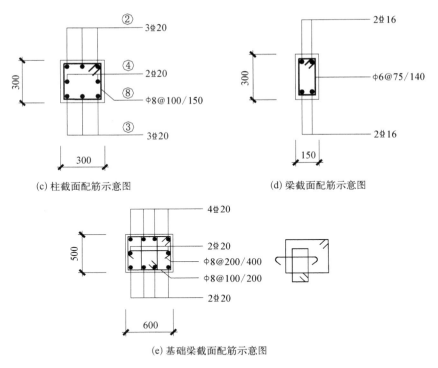

(c) 柱截面配筋示意图

(d) 梁截面配筋示意图

(e) 基础梁截面配筋示意图

图 4-3　现浇混凝土框架模型的尺寸及配筋

2. PC1 试件

PC1 试件采用后浇节点连接预制构件的装配模式,试件的几何尺寸、配筋及连接构造如图 4-4 所示。

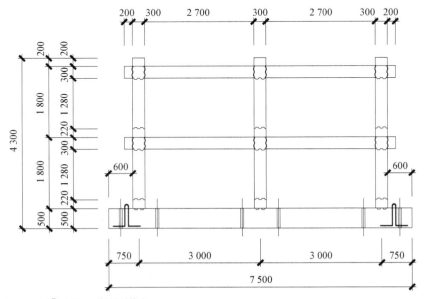

注:图中 ▢ 为 UHPC 材料后浇段

(a) PC1 试件外形尺寸立面图

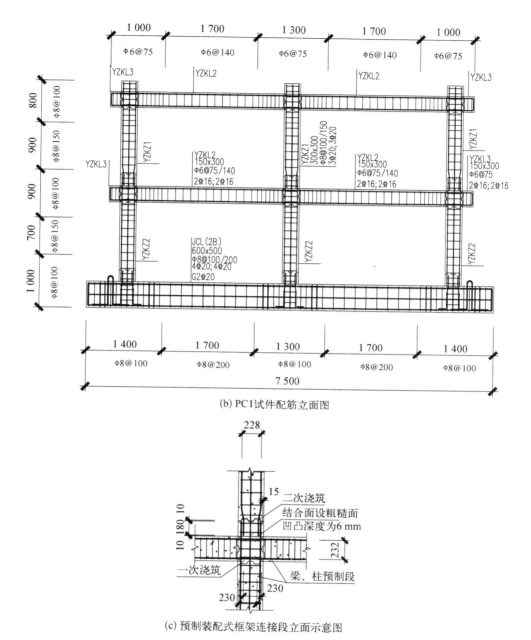

(b) PC1 试件配筋立面图

(c) 预制装配式框架连接段立面示意图

图 4-4　PC1 混凝土框架模型的尺寸、配筋及连接构造图

3. 材料性质

试件混凝土设计强度等级为 C30，钢筋为 HRB400 带肋钢筋。整浇试件实测混凝土立方体抗压强度为 44.3 MPa，轴心抗压强度为 29.1 MPa。PC1 试件实测混凝土立方体抗压强度为 31.6 MPa，轴心抗压强度为 21.1 MPa。UHPC 实测混凝土立方体抗压强度为 107 MPa。ф16HRB400 钢筋屈服强度为 563.2 MPa。ф 20HRB400 钢筋屈服强度为 571.7 MPa。

4.2.3 试件测点布置方案及加载规则方案

1. 试件测点布置方案

试验各测点统一由 mobrey35951B 数据采集仪采集处理,需要采集的数据主要有加载端水平荷载、柱顶竖向荷载、层间水平位移、梁端转角、梁端塑性区曲率变形、纵向受力钢筋应力-应变、节点核心区箍筋应力-应变及节点核心区混凝土应变。具体测点布置如图 4-5 所示。

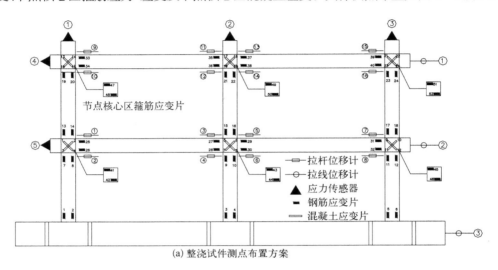

(a) 整浇试件测点布置方案

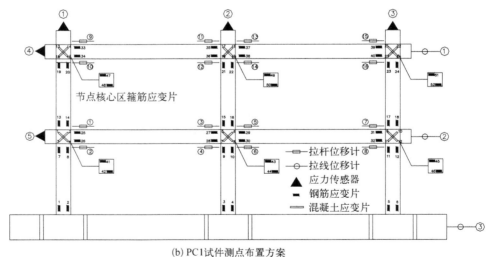

(b) PC1试件测点布置方案

图 4-5 试件测点布置方案图

2. 试件加载规则方案

试件加载规则方案依据《建筑抗震试验规程》(JGJ/T 101—2015)相关规定,采用荷载、位移双控制方法。试件屈服前采用荷载控制并分级加载,接近屈服荷载后采用位移控制加载,在加载过程中,应保持反复加载的连续性和均匀性,加载和卸载的速度要保持一致。具体加载方案如下。

施加竖向荷载的加载位置在柱顶,分两级加载,依据规范计算试验框架模型单个柱子受竖向轴压力为 540 kN,设计轴压比为 0.3。用千斤顶在柱顶端分两级加载,首先加载 40%(210 kN)的竖向轴压力,反复两次后分级加载至 100%(540 kN)。

采用两台 MTS 电液伺服作动器分别对两层梁柱节点施加水平荷载,一层作动器荷载值始终为二层作动器荷载值的 1/2,试件开裂前用荷载控制并分级加载,第一阶段每级加载 10 kN,加载速率为 0.5 kN/s,当加载至接近开裂荷载时,进入第二阶段,第二阶段每级加载 5 kN,加载速率为 1 kN/s,每级荷载加载循环 1 次。当试件屈服后,改用位移控制加载,二层作动器每级加载一倍的屈服位移,加载速率为 1 mm/s,一层作动器的力始终保持为二层的 1/2,每级加载循环 3 次,直至试验框架模型出现较明显的损伤破坏或承载力下降到峰值荷载的 85%时试验终止,每次加载保持相同的时间间隔,每次稳载 5 min 后采集数据。试验加载装置见图 4-6,加载规则流程见图 4-7。

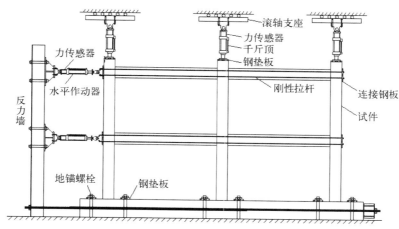

图 4-6　加载装置示意图

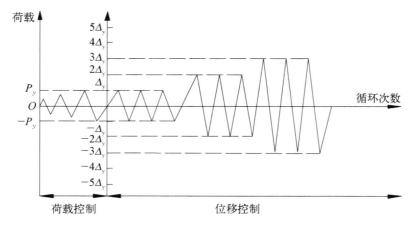

图 4-7　加载规则流程示意图

4.2.4　试验过程及现象

1. 整浇试件

加载过程中,顶层水平力达到±45 kN 时,一层梁端首先出现竖向裂缝,二层梁端相继出现竖向裂缝,随着加载裂缝进一步发展,顶层水平力达到±120 kN 时,一层柱端出现水平裂缝,顶层水平力达到 135 kN 时,一层柱脚裂缝明显增多,裂缝宽度 0.1~0.4 mm,二层柱出现水平裂缝,一层节点核心区出现细微裂缝,梁端裂缝进一步发展。顶层水平力达到 180 kN 时,一层梁端钢筋屈服,框架结构进入屈服状态,试件屈服后改用位移控制加载,按 29 mm 位移量加载。顶部位移±58 mm 时,梁端混凝土有剥落现象,一层柱脚混凝土被压酥,顶部位移为±87 mm 时,一层边柱柱脚混凝土剥落,柱底出现竖向裂缝,梁端混凝土进一步剥落。顶部位移为 116 mm 时,一层边柱混凝土剥落严重,柱截面削弱较大,柱脚破坏严重,试验结束。整浇试件裂缝分布及破坏形态见图 4-8。

2. PC1 试件

加载过程中,顶层水平力达到 50 kN 时,一层梁和二层梁梁端首先出现细微裂缝,裂缝垂直于梁边;顶层水平力达到-90 kN 时,一层中柱柱脚后浇 UHPC 连接段与预制构件结合面出现细微横向裂缝,梁端裂缝进一步发展;顶层水平力达到-105 kN 时,一层边柱柱脚UHPC 后浇段开始出现细微水平裂缝;顶层水平力达到 165 kN 时,梁端裂缝呈发展状态,宽度达到 0.5 mm;顶层水平力达到 180 kN 时,柱脚 UHPC 后浇区水平裂缝横向贯穿,框架进入屈服状态,此后改用位移控制加载,按 23 mm 位移量加载。顶部位移为 23 mm 时,二层梁端出现斜向裂缝。顶部位移为 45 mm 时,中柱出现斜向裂缝,柱脚后浇结合面附近少量混凝土出现剥落现象,二层中节点核心区出现少许细微的短小裂缝。顶部位移为78 mm 时,梁端混凝土进一步剥落,中柱出现混凝土剥落现象。顶部位移为 111 mm 时,梁端混凝土剥落严重,截面削弱较大,柱脚出现竖向裂缝,试件节点核心区部分基本无裂缝,框架承载力下降到最大荷载的 85% 以下,试验结束。整浇试件裂缝分布及破坏形态见图 4-9。

82

(a) 整体破坏形态

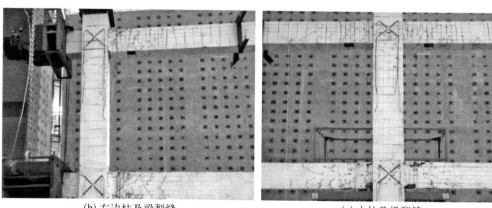

(b) 左边柱及梁裂缝

(c) 中柱及梁裂缝

(d) 右边柱及梁裂缝

(e) 柱脚破坏

图 4 - 8　整浇试件裂缝分布及破坏形态图

(a) 加载装置　　　　　　　　　　(b) 整体破坏形态

(c) 左边柱及梁裂缝　　(d) 中柱及梁裂缝　　(e) 右边柱及梁裂缝

(f) 边柱柱脚破坏　　　　　　　　(g) 柱脚翘起

图 4-9　PC1 试件裂缝分布及破坏形态图

3. 破坏形态

整浇试件塑性铰首先出现在一层梁端,在梁端出现三个塑性铰之后,柱端出现塑性铰。一层梁端塑性铰展开程度大于二层梁端塑性铰,柱端塑性铰主要集中在一层柱柱脚。整浇试件整体屈服机制为混合屈服机制,表现出较好的抗震性能,最后,整浇试件破坏以柱脚混凝土压溃为标志。

PC1 试件的塑性铰首先出现在一层梁端,一层梁端全部出现塑性铰以后,二层梁端开始出现塑性铰,一层梁端塑性铰发展程度大于二层梁端塑性铰。PC1 试件整体屈服机制为梁铰屈服机制,即所谓的"强柱弱梁"屈服机制,梁端弯曲破坏,形成塑性铰;柱端弯曲破坏,但未出现塑性铰;节点核心区部分基本无裂缝。这种机制具有较强的耗能能力和内力重分布能力,抗震性能良好,优于混合屈服机制。试件的塑性铰分布如图 4 - 10 所示。

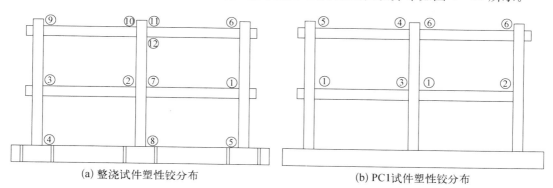

(a) 整浇试件塑性铰分布　　　　　　　(b) PC1试件塑性铰分布

图 4 - 10　试件的塑性铰分布图

4.2.5　试验结果分析

1. 荷载-位移滞回曲线对比和分析

整浇试件及 PC1 试件荷载-位移滞回曲线如图 4 - 11 所示。

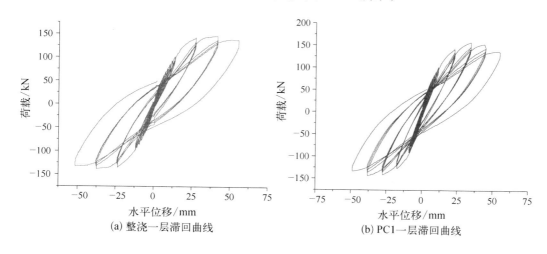

(a) 整浇一层滞回曲线　　　　　　　(b) PC1一层滞回曲线

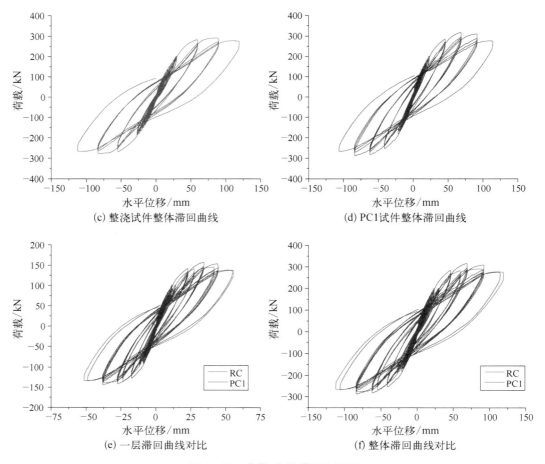

图 4-11　荷载-位移滞回曲线图

综合比较，整浇试件与 PC1 试件滞回曲线形状基本相同，二者的滞回环均表现出一定程度的中部捏缩现象，饱满程度也较为接近。PC1 试件的正、负向最大承载力分别提高了 8.6% 和 3.5%，说明二者均具有良好的承载能力。

试件开裂前，水平荷载及位移呈线性关系，试件基本处于弹性工作状态，滞回环面积较小。卸载后残余变形很小，刚度退化不明显。试件开裂后，裂缝随荷载增加不断发展，试件剪切变形增大，进入非弹性工作状态；滞回曲线轴逐步向位移轴偏移，呈现曲线形；滞回环呈反 S 状，并出现捏缩现象。随着荷载和变形的不断增大，试件刚度逐渐退化，滞回环围成的面积也逐步增大，耗能能力不断增加。试件屈服后，曲线轴的斜率随位移的增加不断减小，反映了试件在反复荷载的作用下整体刚度不断退化；滞回环包围的面积减小，表明框架的耗能能力逐渐减小；试件加载到极限荷载后，随每级加载，承载力逐渐下降，但下降幅度较小，表明框架具有较好的整体位移延性。

2. 骨架曲线的对比分析

试件的荷载-位移骨架曲线如图 4-12 所示（推力为正，拉力为负）。

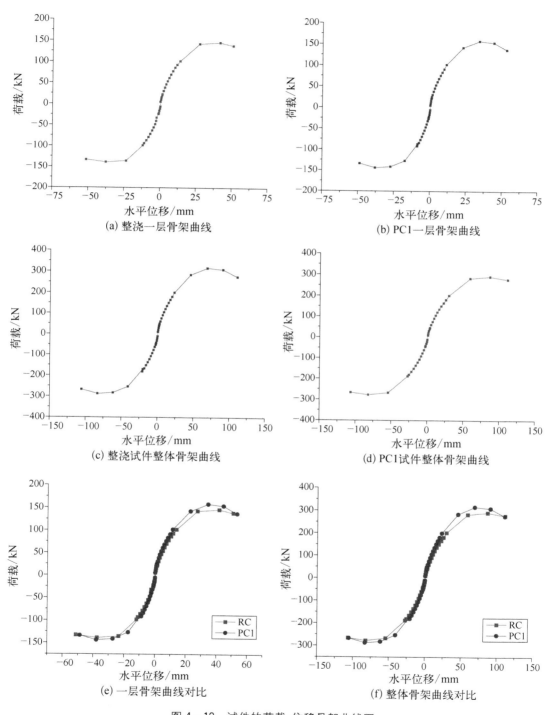

(a) 整浇一层骨架曲线

(b) PC1一层骨架曲线

(c) 整浇试件整体骨架曲线

(d) PC1试件整体骨架曲线

(e) 一层骨架曲线对比

(f) 整体骨架曲线对比

图 4－12　试件的荷载-位移骨架曲线图

由试件的骨架曲线和特征点对比分析可以看出各框架模型都经历了弹性阶段、屈服阶段和破坏阶段,正向加载和反向加载的骨架曲线基本一致。PC1 试件与整浇试件相比,开裂荷载提高了 11.1%,屈服荷载提高了 3.3%,峰值荷载提高了 6.0%,反映了 PC1 试件具有良好的承载能力。

3. 位移延性的对比分析

延性系数反映了结构构件的塑性变形能力,是结构构件抗震性能的重要指标,塑性分析经常用延性系数来表示,即结构的极限位移和屈服位移之比。各个阶段的骨架曲线特征值和延性系数试验结果见表 4-1。

表 4-1　特征值点和延性系数

试件名称	荷载方向	屈服荷载/kN	屈服位移/mm	最大荷载/kN	最大位移/mm	极限荷载/kN	极限位移/mm	延性系数 μ
RC 一层	推	123.70	21.06	145.84	41.43	138.44	50.64	2.40
	拉	−117.32	−17.78	−138.75	−37.50	−133.02	−51.30	2.89
RC 整体	推	246.21	46.10	291.06	86.56	277.43	111.22	2.41
	拉	−233.55	−43.14	−277.38	−81.95	−266.04	−106.55	2.47
PC1 一层	推	132.45	19.93	158.05	34.20	137.27	53.153	2.67
	拉	−123.17	−16.49	−143.7	−37.95	−133.57	−48.735	2.96
PC1 整体	推	269.10	41.57	316.19	68.62	275.4	110.84	2.67
	拉	−214.80	−31.32	−287.05	−82.95	−267	−105.59	3.37

整浇试件屈服荷载最大层间位移角为 1/71,峰值荷载最大层间位移角为 1/39,极限荷载最大层间位移角为 1/32。PC1 试件屈服荷载最大层间位移角为 1/82,峰值荷载最大层间位移角为 1/40,极限荷载最大层间位移角为 1/31。表明整浇试件和 PC1 试件均有较好的延性变形能力,基本满足了"大震不倒"的抗震要求。整浇试件的整体和层间位移延性系数在 2.4~2.9 之间,PC1 试件的整体和层间位移延性系数在 2.6~3.4 之间,PC1 试件位移延性系数略大于整浇试件,表明 PC1 试件具有较好的位移延性和整体变形能力。

4. 刚度退化对比分析

刚度退化是指结构在循环荷载作用下,试件刚度随荷载循环次数和位移的不断增大而降低的现象,一般采用环线刚度表示。各试件的环线刚度随顶点位移的变化情况见图 4-13。

由试件的刚度退化曲线可见试件的刚度都随着位移及循环次数的增加而逐渐下降,说明结构在塑性阶段刚度退化性能较好。整浇试件和 PC1 试件刚度退化规律基本相同,

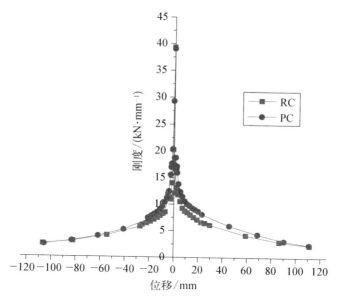

图 4 – 13　刚度退化曲线图

PC1 试件刚度略大于整浇试件,PC1 试件在加载初期刚度退化速度略慢于整浇试件的刚度退化速度,随着位移的增大,二者的退化速度逐步接近,说明 UHPC 材料后浇段强化了节点核心区受力性能,有效地抑制了试件刚度的退化速度。

试件的刚度在加载初期退化较快,但试件的水平位移达到屈服位移以后,刚度退化速度明显变缓慢,后期刚度退化进一步变慢,呈现刚度退化规律为速降阶段、次速降阶段、缓降阶段的特征。这是因为试件上的裂缝主要在屈服前产生、扩展和延伸,屈服后产生新的裂缝数量变少。

5. 强度退化对比分析

在往复加载过程中,在某一位移幅值下,其峰值荷载随循环次数的增加而下降的现象称强度退化,结构强度退化越快,表明结构继续抵抗荷载的能力下降得越快。试件的强度的退化率见图 4 – 14。

由图 4 – 14 可知:整浇试件在前期强度退化幅度较小,在后期强度退化幅度较整浇试件大,说明 UHPC 材料有效地强化了柱的刚度,使得梁破坏严重,从而导致强度退化程度严重。同一位幅下,各榀框架的第三循环强度退化率大于第二循环强度退化率,表明随着循环的增加,强度退化有所减小。同榀框架随着位移的逐渐增大,相同循环级数下的退化率逐渐减小,这说明随着位移增大,强度有所退化,承载能力下降幅度变大。整浇试件和 PC1 试件强度退化趋势和水平基本一致,没有明显的突变且维持在较低水平。

6. 试件耗能对比分析

在低周反复荷载作用下,滞回曲线所包围的面积反映了结构耗散地震能量的大小,滞回环越饱满,结构的耗能性能越好。结构的滞回耗能能力反映了结构的抗震性能,能量耗

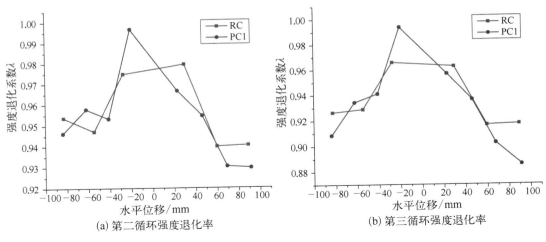

(a) 第二循环强度退化率   (b) 第三循环强度退化率

图 4-14 试件强度退化率对比图

散系数用某级加载的滞回环包围的面积与滞回环卸载段至横坐标轴之间的三角形面积之比来定义。各试件的能量耗散系数见表 4-2。

表 4-2 能量耗散系数

试件编号	各位移点能量耗散系数				
	Δ	2Δ	3Δ	4Δ	5Δ
RC	0.35	0.77	0.97	1.23	—
PC1	0.35	0.71	0.81	0.98	1.23

随着逐级加载,能量耗散系数逐渐增大,且峰值荷载之后保持较高的数值。说明试件具有较好的滞回耗能能力。整浇试件的能量耗散系数略大于 PC1 试件,但二者基本处于同一水平,说明 PC1 试件具有较好的抗震耗能能力。

4.2.6 结论

本书通过对一榀整浇试件和一榀"构件预制、节点后浇 UHPC 连接"的装配式框架试件进行了低周反复加载试验,得出了以下主要结论。

(1)对比分析整浇试件和装配式试件在加载过程中的裂缝发展和破坏形态等特征,二者均表现出良好的受力性能,且均符合"强柱弱梁,强节点弱构件"的设计要求。试验过程中,后浇连接段及结合面未出现严重的开裂,说明装配式试件整体性较好。试验结束后,梁端损坏严重,柱脚轻微损坏,且节点核心区基本无裂缝。装配式试件屈服机制为梁铰机制,优于整浇试件的混合屈服机制。

（2）整浇试件与 PC 试件滞回曲线形状基本相同,二者的滞回环均表现出一定程度的中部捏缩现象,饱满程度也较为接近。PC1 试件的正、负向最大承载力分别提高了 8.6％和 3.5％,且开裂荷载、屈服荷载均略高于整浇试件,说明 PC1 试件均具有良好的承载能力。

（3）整浇试件的整体和层间位移延性系数在 2.4～2.9 之间,PC1 试件的整体和层间位移延性系数在 2.6～3.4 之间,PC1 试件位移延性系数略大于整浇试件,说明 PC1 试件具有较好的位移延性和整体变形能力。

（4）整浇试件屈服荷载最大层间位移角为 1/71,峰值荷载最大层间位移角为 1/39,极限荷载最大层间位移角为 1/32。PC1 试件屈服荷载最大层间位移角为 1/82,峰值荷载最大层间位移角为 1/40,极限荷载最大层间位移角为 1/31。表明 PC1 试件延性变形能力优于整浇试件,且基本满足了"大震不倒"的抗震要求。

（5）装配式试件的刚度退化、强度退化和能量耗散系数等均与整浇试件基本等同,各项性能指标与整浇试件对比均达到了等同现浇的水平。

4.3　基于 UHPC 连接的装配式框架结构抗震试验研究（二）

4.3.1　试验目的

通过两榀 1∶2 比例的两层两跨整浇混凝土框架和"节点预制、构件预制、后浇 UHPC 连接"装配式框架低周反复加载试验研究其抗震性能,并对二者试验结果对比分析验证装配式框架是否达到整浇框架的抗震水平。

4.3.2　试验对象

本试验设计制作了两榀两层两跨混凝土框架,缩尺比例为 1∶2,试件编号分别为 RC 和 PC2。其中 RC 框架为整浇混凝土框架,PC2 框架为以 UHPC 连接的装配式混凝土框架。两榀框架的外形尺寸、截面配筋和设计参数均相同。试件层高 1.8 m,每跨长 3 m。梁截面为 150 mm×300 mm,柱截面为 300 mm×300 mm。

1. 整浇试件

梁、柱和基础梁的截面尺寸、试件的外形尺寸及配筋情况同 4.2.5 节。

2. PC2 试件

PC2 采用预制节点、预制构件和 UHPC 连接的装配模式,外形尺寸、配筋及连接构造见图 4-15。其中,框架梁后浇段设置节点外侧 450 mm 处(1.5 倍梁高),后浇段长度均取 180 mm,后浇段受力钢筋搭接长度为 160 mm(10d)。框架柱后浇段设置在节点顶面处,后浇段长度均取 220 mm,后浇段受力钢筋搭接长度为 200 mm(10d＝200 mm)。预制节点底部和预制柱之间设置 20 mm 坐浆层。预制构件与后浇连接段之间的结合面均设置键槽和粗糙面。每个预制节点预留 8 个直径 50 mm 柱钢筋孔,预制柱钢筋从预留钢筋孔穿过节点与上层柱连接,用灌浆料将钢筋孔填充密实。

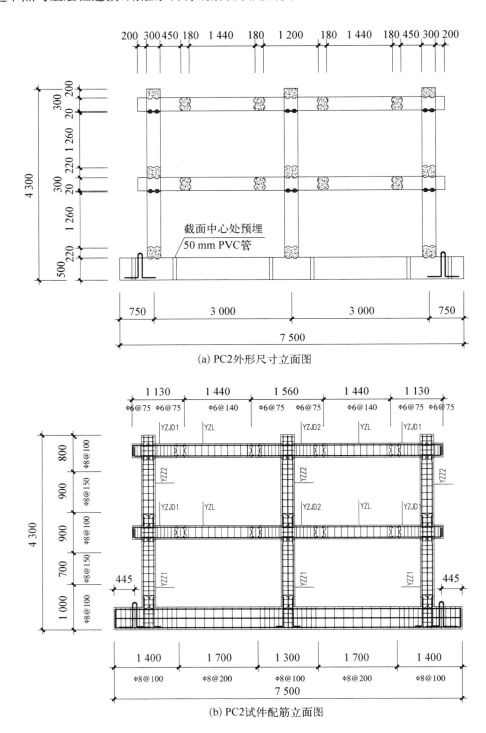

(a) PC2外形尺寸立面图

(b) PC2试件配筋立面图

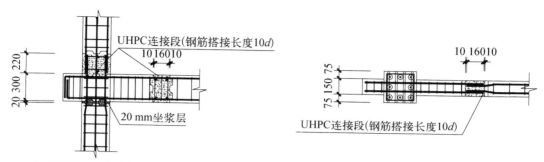

(c) 预制装配式框架梁、柱连接立面示意图　　　　(d) 预制装配式框架梁、柱连接平面示意图

图 4-15　PC2 混凝土框架模型的尺寸、配筋及连接构造图

3. 材料性质

灌浆料实测混凝土立方体抗压强度为 45 MPa,轴心抗压强度为 29.6 MPa。其他材料性质同 4.2.2 节。

4.3.3　测点布置方案及加载方法

1. 测点布置方案

整浇试件的测点布置同 4.2.5 节,PC2 试件的具体测点布置见图 4-16。试验数据采集设备和采集类型同 4.2.5 节。

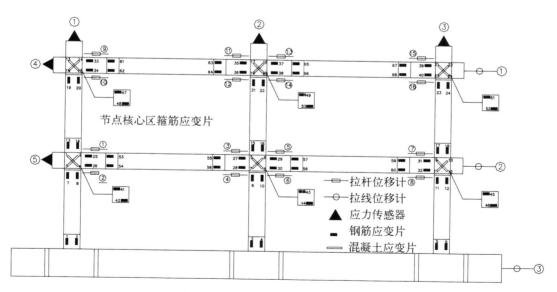

图 4-16　PC2 试件测点布置方案图

2. 加载制度

整浇试件和 PC2 试件的加载制度同 4.2.5 节,PC2 试件的现场加载布置见图 4-17。

图 4‑17　PC2 试件现场加载设置图

4.3.4　试验过程及现象

1. 整浇试件

整浇试件的试验过程及现象同 4.2.5 节。

2. PC2 试件

加载过程中顶层水平力达到−50 kN 时,一层梁梁端首先出现竖向裂缝,顶层水平力达到±75 kN 时,二层梁端相继出现竖向裂缝,一层中柱后浇连接段上部出现横向细微裂缝,顶层水平力达到±90 kN 时,一层柱后浇连接段上部相继出现横向裂缝,梁端裂缝进一步发展。顶层水平力达到±105 kN 时,一层梁端后浇 UHPC 与预制梁结合面出现竖向细微裂缝,一层柱后浇 UHPC 与预制柱结合面出现细微横向裂缝。顶层水平力达到±150 kN 时,一层和二层节点核心区出现细微斜裂缝,梁端和柱端裂缝进一步发展,后浇段结合面相继出现裂缝但发展缓慢。顶层水平力达到 190 kN 时,柱脚后浇 UHPC 区出现横向裂缝,一层梁端钢筋屈服,框架结构进入屈服状态,试件屈服后改用位移控制加载,按 26 mm 位移量加载。顶部位移 52 mm 时梁端混凝土出现剥落现象,梁后浇 UHPC 区域出现竖向裂缝,柱脚与基础梁结合面出现翘起,翘起高度 1～2 mm。顶部位移为 78 mm 时,梁端混凝土进一步剥落,中柱出现混凝土剥落现象。顶部位移为 104 mm 时,一层柱脚未发生破坏,二层中柱柱顶混凝土剥落严重,柱端截面削弱较大,试验结束。PC2 试件裂缝及破坏形态见图 4‑18。

(a) 整体破坏形态

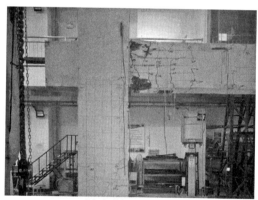

(b) 左边柱及梁裂缝

(c) 右边柱及梁裂缝

(d) 中柱及梁裂缝

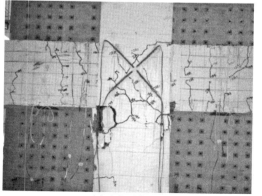

(e) 中柱破坏

图 4‑18　PC2 试件裂缝及破坏形态图

3. 破坏形态

整浇试件的破坏过程和破坏形态同 4.2.5 节。PC2 试件的塑性铰首先出现在一层梁端，一层梁端都出现塑性铰以后，二层梁端开始出现塑性铰，一层梁端塑性铰发展程度大于二层梁端塑性铰，柱端未产生塑性铰。PC2 试件整体屈服机制为梁铰屈服机制，即所谓的强柱弱

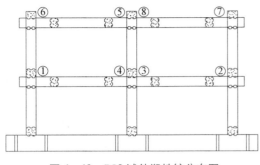

图 4-19 PC2 试件塑性铰分布图

梁屈服机制，这种机制具有较强的耗能能力和内力重分布能力，抗震性能良好，优于混合屈服机制。PC2 试件的破坏以柱端混凝土压溃为标志。柱端混凝土压溃时柱端钢筋并未屈服，初步判断为混凝土小偏心受压破坏，可能由于试件养护期内受冻影响了构件的强度，需进一步分析。现浇试件塑性铰分布见图 4-10，PC2 试件塑性铰分布如图 4-19 所示。

4.3.5 试验结果分析

1. 荷载-位移滞回曲线对比和分析

各框架荷载-位移滞回曲线如图 4-20 所示。整浇试件和 PC2 试件滞回曲线形状基本相同，二者的滞回环均有一定程度的中部捏缩现象，饱满程度也较为接近。试件开裂前，滞回曲线包围的面积都很小，力和位移基本呈线性关系。卸载后残余变形很小，刚度退化不明显，试件处于弹性工作状态。试件开裂后，随着逐级加载，裂缝不断地发展，剪切变形增大，试件进入非弹性工作状态，滞回环出现捏缩现象，呈反 S 状，随着荷载和变形的不断增大，滞回曲线开始向位移轴方向倾斜，试件刚度退化明显，滞回环围成的面积也逐渐增大，耗能能力不断增大。在位移控制加载阶段，在位移相同的 3 个加载循环中，第一循环的荷载峰值高于其他两次的，试件存在一定的刚度退化现象且滞回环包围的面积减小，表明框架的耗能能力减小，反映了框架累积损伤。试件加载到极限荷载后，随着每级加载承载力逐渐下降，但下降幅度不大，表现出较好的整体位移延性。

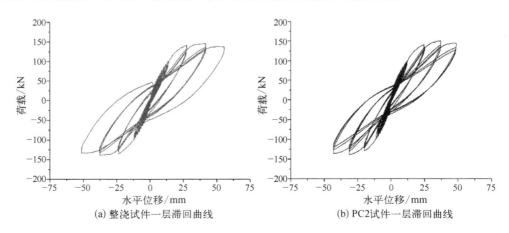

(a) 整浇试件一层滞回曲线 　　　　(b) PC2试件一层滞回曲线

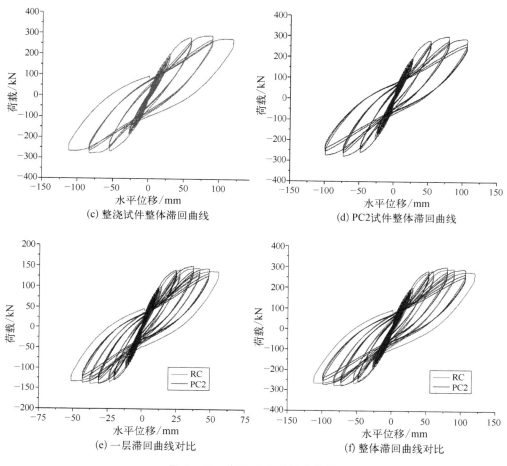

图 4-20　荷载-位移滞回曲线图

2. 骨架曲线的对比分析

试件的骨架曲线见图 4-21。

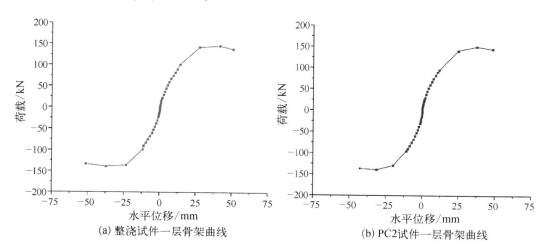

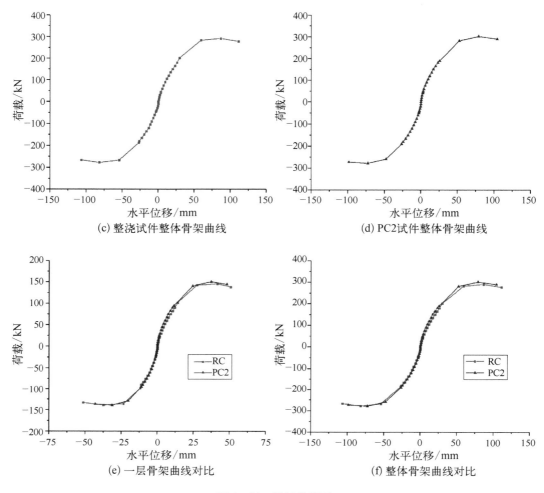

(c) 整浇试件整体骨架曲线　　　　　(d) PC2试件整体骨架曲线

(e) 一层骨架曲线对比　　　　　(f) 整体骨架曲线对比

图 4-21　骨架曲线图

　　由试件的骨架曲线和特征点对比分析可以看出,各框架模型都经历了弹性、屈服和极限三个阶段,正向加载和反向加载的骨架曲线基本一致。根据骨架曲线可以得到各特征点的对应荷载和水平位移,可以得到试件的延性系数,如表 4-3 所示。整浇试件的屈服顶点位移角为 1/139,峰值荷载顶点位移角为 1/42,极限位移角为 1/32。PC2 试件屈服顶点位移角为 1/141,峰值荷载顶点位移角为 1/45,极限位移角为 1/34。显示了整浇试件和PC2 试件均有较好的延性变形能力,满足了"大震不倒"的抗震要求。

　　PC2 试件与整浇试件相比,开裂荷载提高了 11.1%,屈服荷载提高了 4.5%,峰值荷载提高了 3.7%,具有良好的承载能力。整浇框架的整体和层间位移延性系数在 2.4～2.9 之间,PC2 试件的整体和层间位移延性系数在 2.3～2.6 之间,整浇试件的位移延性系数略大于 PC2 试件的,但相差不大,仍在同一水平,都具有较好的位移延性和整体变形能力。

表 4 - 3　特征值点和延性系数

试件名称	荷载方向	屈服荷载/kN	屈服位移/mm	最大荷载/kN	最大位移/mm	极限荷载/kN	极限位移/mm	延性系数 μ
RC 一层	推	112.00	17.26	145.84	41.43	138.44	50.64	2.40
	拉	−106.30	−14.70	−138.75	−37.50	−133.02	−51.30	2.89
RC 整体	推	225.04	38.65	291.06	86.56	277.43	111.22	2.41
	拉	−215.92	−36.95	−277.38	−81.95	−266.04	−106.55	2.47
PC2 一层	推	115.69	17.43	150.81	37.16	144.58	48.05	2.38
	拉	−112.17	−15.83	−138.86	−31.3	−136.21	−43.01	2.54
PC2 整体	推	235.11	38.83	301.93	78.96	290.01	104.17	2.34
	拉	−224.93	−37.85	−277.77	−72.56	−272.41	−98.48	2.44

3. 刚度退化对比分析

刚度退化是指结构在循环荷载作用下,试件刚度随荷载循环次数和位移的不断增大而降低的现象,一般采用环线刚度表示。各试件的环线刚度随顶点位移的变化情况见图 4 - 22。

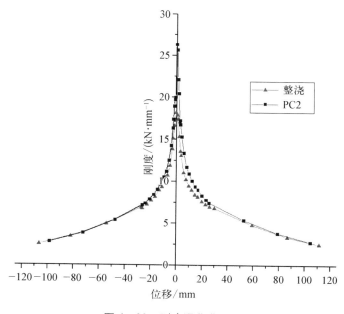

图 4 - 22　刚度退化曲线图

由试件的刚度退化曲线可知,试件的刚度都随着位移及循环次数的增加而逐渐下降,反映出结构在塑性阶段刚度退化性能较好。

整浇试件和 PC2 试件刚度退化规律基本相同,PC2 试件初始刚度大于整浇试件,PC2 试件在加载初期刚度退化速度略快于整浇试件的刚度退化速度,随着位移的增大,二者的退化速度逐步接近。试件的刚度在加载初期退化较快,但试件的水平位移达到屈服位移后,刚度退化速度明显变缓慢,后期刚度退化进一步变慢,呈现刚度退化规律为速降阶段、次速降阶段和缓降阶段的特征。这是因为试件上的裂缝主要在屈服前产生、扩展和延伸,屈服后产生新的裂缝数量变少。

4. 强度退化对比分析

在往复加载过程中某一位移幅值下,其峰值荷载随循环次数的增加而下降的现象称强度退化,结构强度退化越快,表明结构继续抵抗荷载的能力下降得越快。试件强度退化率见图 4-23。

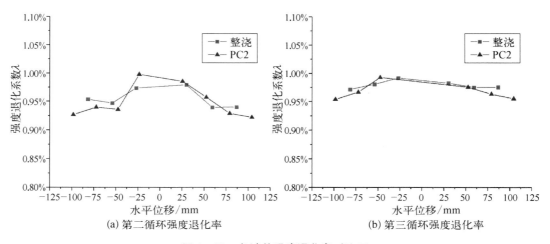

(a) 第二循环强度退化率　　　　　　(b) 第三循环强度退化率

图 4-23　各试件强度退化率对比图

同一位移条件下,各榀框架的第三循环强度退化率大于第二循环强度退化率,表明随着循环次数的增加,各榀框架的强度退化有所减小。同榀框架随着位移的逐渐增大,相同循环级数下的退化率逐渐减小,说明随着位移增大强度有所退化,承载能力下降幅度变大。整浇试件和 PC2 试件强度退化趋势和水平基本一致,没有明显的突变且维持在较低水平上。

5. 试件耗能对比分析

各试件能量耗散系数见表 4-4。随着逐级加载,能量耗散系数逐渐增大,且峰值荷载之后,能量耗散系数保持较高的数值。说明试件具有较好的滞回耗能能力。整浇试件的能量耗散系数略大于 PC2 试件,但二者基本处于同一水平,说明 PC2 试件具有较好的抗震耗能能力。

表 4-4　能量耗散系数

试件编号	各位移点能量耗散系数			
	Δ	2Δ	3Δ	4Δ
RC	0.35	0.77	0.97	0.23
PC2	0.3	0.67	0.81	0.01

4.3.6 整浇框架与装配式框架试验对比主要结论

通过对一榀整浇框架试件和一榀"节点预制、构件预制、后浇 UHPC 连接"的装配式框架试件进行低周反复加载试验,得出了以下主要结论:

(1) 对比整浇试件和装配式试件加载过程中的裂缝发展、破坏形态等特征,试件均表现出良好的受力性能。试验过程中混凝土裂缝不断发展,后浇连接段结合面未出现严重的开裂,整体性较好。试件均符合"强柱弱梁,强节点弱构件"的设计要求。

(2) 各试件的滞回环均比较饱满,正向加载和反向加载骨架曲线基本一致,整浇试件的极限位移角为 1/32,装配式试件的极限位移角 1/34,整浇框架的整体位移延性系数和层间位移延性系数在 2.4~2.9 之间,PC2 试件的整体和层间位移延性系数在 2.3~2.6 之间,整浇试件位移延性系数略大于 PC2 试件,但相差不大,仍在同一水平。都具有较好的位移延性和整体变形能力,满足"大震不倒"的设计要求。

(3) 装配式试件的开裂荷载、屈服荷载和峰值荷载均略高于整浇试件,说明装配式试件具有良好的承载能力。

(4) 装配式试件的刚度退化、强度退化和能量耗散系数等均与整浇试件差别不大,处于相同的水平。

(5) 装配式试件从各项性能指标与整浇试件对比均达到了等同现浇的水平。

4.4 基于 UHPC 连接的装配式框架结构体系 PCUS 原位试验研究

PCUS 结构体系主要创新技术:

(1) 梁柱节点采用二维预制节点;

(2) 预制梁与梁、预制柱底采用 UHPC 材料连接;

(3) 采用预制叠合楼板。为了测试 PCUS 体系在实际尺寸和工况下的工作性能,在上海市的白龙港地下污水处理厂和金山枫泾海玥灜庭项目进行了为期两天的 1:1 模型载荷试验,检验二维预制节点、UHPC 连接节点的竖向变形和受力性能,从而充分验证该体系的合理性。

4.4.1 基于预制节点的装配式结构原位试验——白龙港地下污水处理厂

1. 试验设计

为验证新型装配式结构的实施效果,在现场进行了 1:1 模型的载荷试验,主要测试预制现浇整体梁和楼面板等构件的变形和受力性能。用于试验区的装配整体式结构,采用横向一跨纵向两跨的 1:1 结构模型。其中,柱截面为 800 mm×400 mm,主梁截面为

1 100 mm×400 mm,次梁截面包括 900 mm×350 mm 和 800 mm×350 mm 两种形式,叠合板厚 250 mm。模型如图 4 - 24 和图 4 - 25 所示。

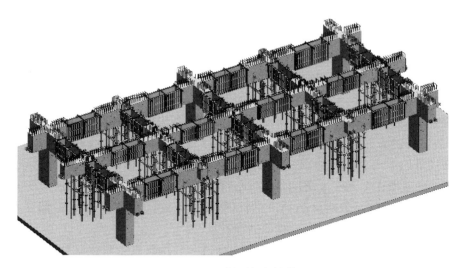

图 4 - 24　新型框架结构

图 4 - 25　试验区结构布置图

2. 加载方案

根据初步计算结果可知,预制梁底裂缝达到 0.3 mm 时的理论加压荷载为 42 kPa,对应的梁支座裂缝宽度为 0.11 mm。采用混凝土配重块(尺寸:2 m×1 m×1 m,重量:5 吨/块)模拟结构的均布荷载。加载-卸载利用吊车等机械实现。加载过程分 10 级,依次为 60 t、120 t、180 t、220 t、260 t、300 t、335 t、370 t、400 t、430 t。每级荷载加载完成后，持荷时间不得少于 15 min，并观测梁、板构件裂缝是否出现及发展情况（重点观察梁底面及侧面）。在试验过程中，如出现以下情况，应终止试验：

（1）梁的弯曲挠度[α_s]达到 15 mm；

（2）裂缝宽度[ω_{max}]达到 0.30 mm；

（3）结构的裂缝、变形急剧发展。

卸载过程分 3 级，每级卸载量依次为 85 t、165 t、180 t，每级卸载后的观测时间间隔不得小于 30 min，测量并记录梁、板的残余变形、残余裂缝和最大裂缝宽度等参数。荷载全部卸载完毕后，结构恢复时间不少于 12 h，以检验结构的恢复性。

试验过程中观测项目主要包括主、次梁和板的挠度以及梁跨中及支座处的混凝土裂缝发展历程。其中，试验结构共设有 24 个挠度观测点，采用如图 4-26 所示的布置形式。试验采用量程为 30 mm 的顶杆式位移传感器采集梁、板的变形数据。而裂缝观测主要包括开裂荷载、裂缝位置、裂缝宽度、裂缝长度和裂缝形态等。试验现场过程如图 4-27 所示。

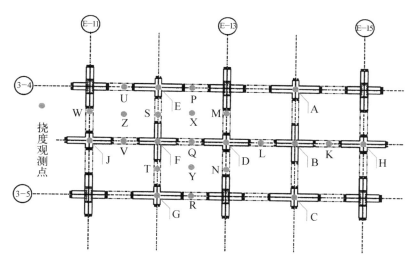

图 4-26　挠度观测点布置图

（a）挠度观测仪器安装

（b）初始数据采集

（c）结构原有裂缝记录

(d) 首块压载混凝土吊装　　　(e) 首级压载混凝土完成　　　(f) 挠度数据收集

图 4-27　现场压载试验过程

3. 试验结果与分析

加载至第 2 级荷载时,边柱(③-4轴/Ⓔ-13轴)右侧中部出现一条竖直裂缝,裂缝宽度为 0.038 mm,长度为 310 mm。

加载至第 3 级荷载时,边柱(③-4轴/Ⓔ-13轴)左侧中部出现一条裂缝,宽度为 0.048 mm,长度为 410 mm。Ⓔ-13轴横向主梁跨中左侧底部出现一条裂缝,宽度为 0.068 mm,长度为 45 mm。

加载至第 5 级荷载时,③-4轴纵向主梁的裂缝宽度未有明显增加,但裂缝长度向下贯通到梁底部。角柱(③-4轴/Ⓔ-11轴)左侧下部出现一条竖直裂缝,宽度为 0.095 mm,长度为 187 mm。Ⓔ-13轴横向主梁跨中左侧底部裂缝贯通梁底面,裂缝宽度为 0.108 mm,长度为 603 mm。

加载至第 8 级荷载时,③-4 轴纵向主梁裂缝宽度略有增加,最大裂缝宽度为 0.135 mm,最大裂缝长度为 565 mm。Ⓔ-13轴横向主梁侧面和底面均出现裂缝,最大裂缝宽度为 0.149 mm。并且,侧面裂缝向上延伸,底面裂缝贯通。

加载至第 9 级荷载时,③-4轴纵向主梁的裂缝宽度和长度基本不变,无新裂缝产生。Ⓔ-13轴横向主梁跨中预制节点底部出现了第一条贯穿的结构性裂缝,裂缝宽度为 0.041 mm。

加载至第 10 级荷载时,Ⓔ-13轴横向主梁跨中底部增加了几条微小裂缝,但没有贯穿梁底,最大裂缝宽度为 0.149 mm。其他主梁跨中未见结构性裂缝。

根据上述裂缝发展历程不难看出,裂缝主要集中在③-4轴纵向主梁侧面、Ⓔ-13轴横向主梁侧面和底面这几个区域。当加载至第 10 级荷载时,这些区域的裂缝分布如图 4-28 所示。

加载至第 10 级荷载时分三个阶段卸载。三个阶段均发现所有裂缝都有明显收缩。卸载完成后,Ⓔ-13轴横向主梁底部裂缝最大宽度变为 0.081 mm。结合面裂缝最大宽度变为 0.122 mm。卸载 12 h 后,裂缝进一步收缩,所有主梁跨中底部的结构性裂缝基本不可见,裂缝宽度小于 0.081 mm。

Ⓔ-13轴横向主梁和纵向次梁的荷载-挠度曲线如图 4-29 所示,测点的挠度对比结果显示:主、次梁的实际挠度实测值均小于设计值。在最大试验荷载作用下,试验梁的最大挠度为跨度的 1/939,远小于《混凝土结构设计规范》(GB 50010—2010)和《混凝土结构试验方法标准》(GB/T 50152—2012)的规定。其中,D 点的挠度发展曲线如图 4-30 所示。

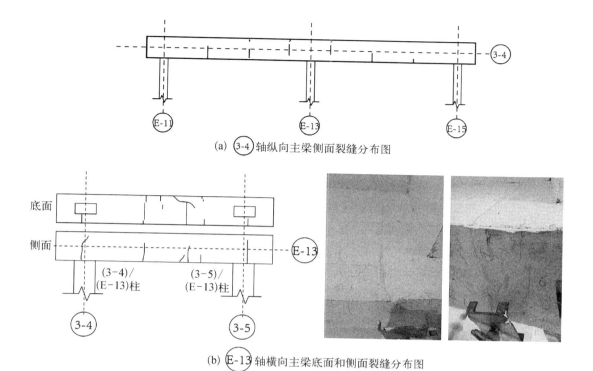

(a) ③-④轴纵向主梁侧面裂缝分布图

(b) Ⓔ-13轴横向主梁底面和侧面裂缝分布图

图 4 - 28　第 10 级荷载下裂缝分布图

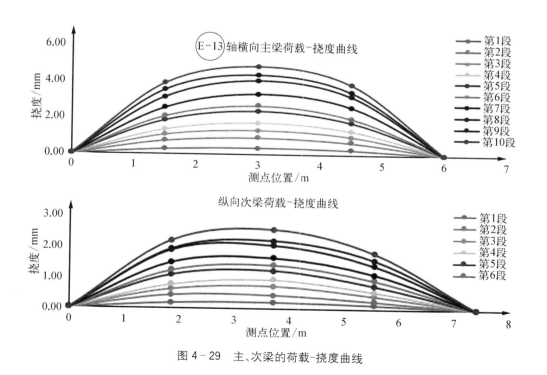

图 4 - 29　主、次梁的荷载-挠度曲线

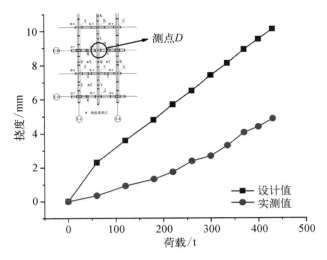

图 4-30　测点 D 荷载-挠度曲线图

由图 4-30 可以看出：

（1）曲线整体趋势接近直线，试验构件基本处于弹性工作状态。

（2）实测值均小于设计值，表明预制构件的挠度能够满足设计要求。

4. 试验结论

根据对挠度数据和裂缝发展历程的分析，可得到如下结论：

（1）本次载荷试验中未出现挠度超限、裂缝宽度超限和受压区混凝土开裂、破碎现象，因此试验结构承载力满足设计要求；

（2）在最大荷载作用下，主梁最大挠度为跨度的 1/939，远小于《混凝土结构设计规范》（GB 50010—2010）和《混凝土结构试验方法标准》（GB/T 50152—2012）规定的1/250，表明主梁具有足够的刚度；

（3）"荷载-挠度"实测结果表明，试验构件基本处于弹性工作状态，结构具有较大的安全储备和良好的工作性能。

4.4.2　装配式结构体系 PCUS 原位试验——上海市金山枫泾海玥瀜庭项目

1. 试验设计

采用"梁、柱构件预制＋节点预制＋后浇 UHPC 材料连接"这种新型装配式框架结构体系，梁、板、柱均为预制构件。预制柱、预制梁、预制节点之间的连接采用"钢筋直锚短搭接＋UHPC 材料后浇"的高效连接技术。为验证结构整体刚度和强度，在地面进行 1∶1 模型载荷试验。通过现场加载试验，检验预制现浇整体梁、板构件的竖向变形和受力性能，验证设计方案的合理性。

试验区的装配整体式结构采用两跨×两跨的 1∶1 结构模型，柱子截面为 500 mm×600 mm，外圈主梁截面为 300 mm×700 mm，Ⓑ轴主梁为 300 mm×600 mm、②轴主梁为 300 mm×600 mm,次梁截面为 250 mm×500 mm,叠合板厚为 130 mm。结构平面布置如图 4 - 31、图 4 - 32 所示。

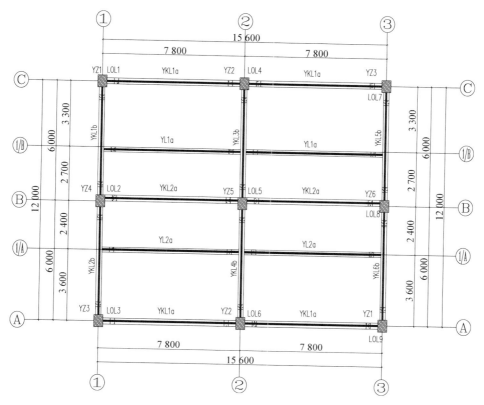

图 4 - 31　试验区平面布置图

图 4 - 32　试验区结构

2. 加载方案

本试验对结构的适用性和安全性进行检验,结构自重(梁、板)为 6.2 kN/m²,附加恒荷载为 2.55 kN/m²,楼面附加活荷载为 2.5 kN/m²。使用模拟均布荷载进行检验,适用性检测采用正常使用短期荷载检验值 Q_s 作为检测标准。对于安全性检测采用承载力检验荷载设计值 Q_d 作为检测标准。

荷载总共分 9 级进行加载,适用性检验荷载分 3 级进行加载,安全性检验荷载分 6 级进行加载,每级荷载加载完成后,持荷时间不得少于 10 min,记录变形观测点的读数,并观测梁、板构件裂缝是否出现及发展情况(重点观察梁底面及侧面)。若在加载过程中发现梁挠度过大或出现较大裂缝时,应立即停止加载。

分 3 级进行卸载,每级卸载后的观测时间间隔不得小于 30 min,测量并记录梁、板的残余变形、残余裂缝、最大裂缝宽度等项目,荷载全部卸载完毕后,结构恢复时间不少于 12 h,检验结构的恢复性。现场加载过程如图 4-33 所示。

图 4-33　现场加载过程示意图

3. 测量方案

试验过程中观测项目主要包括梁板变形、梁跨中及支座处混凝土裂缝等内容。

(1)挠度观测。试验共设置 26 个挠度观测点,观测梁挠度在各级荷载下的变化规律。挠度观测点设置和现场布置如图 4 - 34、图 4 - 35 所示，拟采用量程 30 mm 的顶杆式位移传感器测量梁、板的变形。

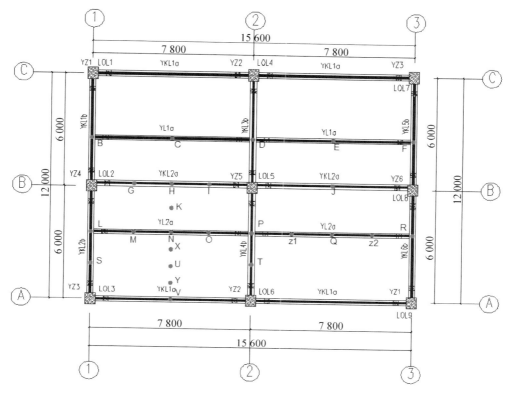

图 4 - 34　测点布置图

图 4 - 35　测点布置和仪器安装

（2）裂缝观测。观察记录试验结构的开裂荷载、裂缝位置、裂缝宽度、裂缝长度、裂缝变化并绘制裂缝形态图等数据，如图 4 - 36 所示。

图 4-36　裂缝观测

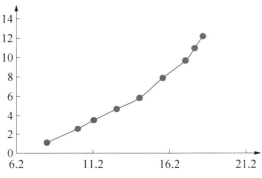

图 4-37　Ⓑ轴主梁跨中测点 H 荷载-挠度曲线

4. 试验结果与分析

1）挠度分析

通过对各测点实测位移值分析得出,该结构在第九级荷载下主梁最大挠度实测挠度出现在Ⓑ轴主梁,Ⓑ轴主梁 G-H-I 荷载跨中测点 H 荷载-挠度曲线如图 4-37 所示。

实测曲线整体趋势接近直线,说明试验构件基本处于弹性工作状态,表明结构具有较大的安全储备和良好的工作性能。

主梁荷载-挠度曲线如图 4-38 所示,Ⓑ轴横向主梁最大跨中实测挠度为 12.19 mm,Ⓩ轴纵向主梁最大实测挠度为 8.5 mm,均未超过正常使用限值。

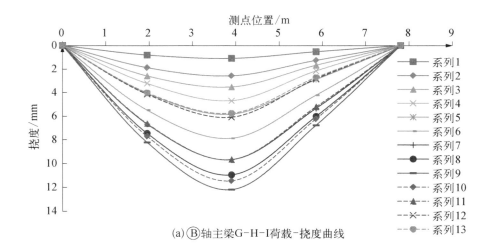

(a)Ⓑ轴主梁G-H-I荷载-挠度曲线

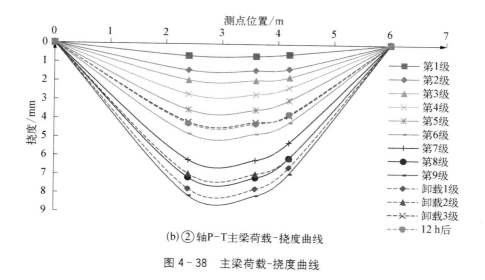

(b) ②轴 P-T 主梁荷载-挠度曲线

图 4-38　主梁荷载-挠度曲线

次梁和板的荷载-挠度曲线如图 4-39 和图 4-40 所示，①/Ⓐ轴横向次梁最大跨中实测挠度为 12.29 mm，U 板短边方向最大实测挠度为 3.88 mm，均未超过正常使用限值。

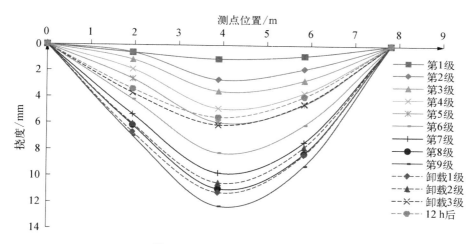

图 4-39　①/Ⓐ轴 P-Z1-Q-Z2-R 次梁荷载-挠度曲线

整个加载过程中第 1～2 级与第 5～6 级间间隔时间较长，长时间持荷导致挠度增长较大，其余等级挠度变化基本为线性。由于整个加载试验持续时间较长，结构恢复性观测受到一定影响。

2）裂缝分析

对加载过程中关键部位的裂缝数量、裂缝形态和裂缝宽度及发展进行记录，分析如下：

（1）边跨主梁裂缝数量少，宽度小，裂缝主要出现在结合面处，基本没有出现贯通裂缝。荷载达到第九级后，裂缝基本在 0.05～0.17 之间，很少有裂缝超过 0.20 mm，最大裂缝为 0.216 mm，平均裂缝宽度为 0.164 mm。全部卸载后，裂缝宽度平均减小 0.02 mm。

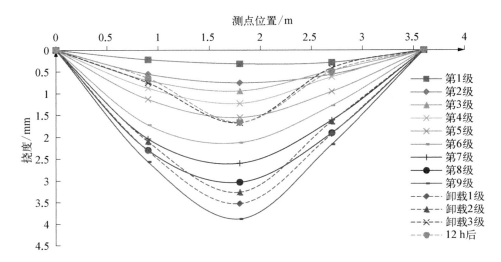

图 4‑40　U 板短边方向 N‑X‑U‑Y‑V 荷载‑挠度曲线

（2）中间跨主梁裂缝较多且贯穿裂缝较多,裂缝主要在跨中,支座和结合面处裂缝较少。

（3）跨中裂缝在荷载到达第九级后,裂缝宽度集中在 0.14 mm 左右,且侧面与底面已经完全贯通,最大裂缝为 0.201 mm,平均裂缝宽度为 0.139 mm。支座处裂缝较少但是各结合面处均出现一条宽的裂缝,如 0.338 mm,0.405 mm,0.459 mm,现场判断原因为结合面施工质量较为粗糙。

（4）两根次梁的裂缝数量,在跨中和主次梁交接处最为严重,且在第三级荷载后,侧面与底面裂缝就已经贯通。在次梁跨中,裂缝从 0.04 mm 左右逐渐增长到 0.17 mm 左右,最大裂缝为 0.224 mm,平均裂缝宽度为 0.170 mm,且出现一条明显的贯穿裂缝。在主次梁交接处,裂缝也发展极为迅速,大部分裂缝宽度在 0.16 mm 左右,最大裂缝达到 0.257 mm。完全卸载后,裂缝宽度基本不变。

（5）从第三级开始,板开始出现裂缝,板的裂缝宽度较少,裂缝数量较多,长度较长。到第九级荷载后,板的平均裂缝宽度为 0.088 mm,最大裂缝宽度为 0.122 mm。全部卸载恢复后,板裂缝变化不明显。

5. 试验结论

通过现场原位加载试验,验证采用"钢筋直锚短搭接＋UHPC 材料后浇"的高效连接技术制作的装配式框架结构中预制现浇整体梁、板构件的竖向变形和受力性能,得到如下结论:

（1）本次载荷试验中未出现挠度超限、裂缝宽度超限和受压区混凝土开裂、破碎现象,因此试验结构承载力满足设计要求。

（2）在最大荷载作用下,主梁最大挠度短期值为 12.19 mm,小于根据《混凝土结构设计规范》和《混凝土结构试验方法标准》计算的限值 20.5 mm,表明主梁刚度足够。

（3）荷载‑挠度实测曲线整体趋势接近直线,试验构件基本处于弹性工作状态,表明结构具有较大的安全储备和良好的工作性能。

4.5　工程应用——上海市白龙港地下污水处理厂工程

4.5.1　应用概况

尽管预制装配式结构已经在我国各地得到普遍推广,但是在大型公共市政建筑尤其是城市地下空间结构中推广缓慢。由于地下空间存在基坑围护支撑结构、预制构件重量大、吊装困难、防水要求高等因素,地下结构预制装配技术发展还处于起步阶段。但地下工程采用装配整体式结构具有以下优点:

(1)工期较现浇方案缩短 5%～10%。地下污水厂的体量大,采用预制装配,可以将生产过程转移到工厂内进行。采用叠合梁板,可以将预制板作为模板,模板和支撑的搭设工作量减少 50%～70%,而且钢筋的绑扎量将减少很多。

(2)工期缩短将使得项目较早投入生产,由此得到的经济效益将更好。并且现场的湿作业将大大减少,有利于减少人工成本。

(3)工厂的标准化生产以及成熟的生产技术,将使得预制构件比现浇构件具有更好的质量,可减少后期现场混凝土修补的工作量。

地下污水处理厂是将污水处理构(建)筑物合建在一个埋入地下的箱体内,构筑物上部加设操作层箱体,形成的全地下污水处理设施,通常为地下二层结构,如图 4-41 所示。地下污水处理厂地下一层即操作层,四周为剪力墙结构,内部为框架结构,顶板为梁板体系。由于操作层面积较大,柱网较为规整,较易实现构件标准化,该部分较为适宜采用装配整体式结构。地下二层主要为污水处理构筑物层,对污水处理工艺和防水要求较高,结构形式较为复杂,内部墙、板、梁、柱等结构构件数量及规格众多,难以实现构件标准化,在目前很难采用装配式结构。

图 4-41　地下污水处理厂结构体系示意图

本节依托白龙港地下污水处理厂提标改造工程 BLG－C3 标工程（图 4－42）开展研究，首先，介绍了装配式结构的总体设计方案，以及预制节点、预制柱和预制楼板等主要预制构件的设计细节。其次，详细阐述了预制构件的运输、堆放、吊装、灌浆等关键施工步骤，形成了一套完整的地下装配式混凝土结构高效施工方法。

图 4－42　白龙港地下污水处理厂四期工程效果图

4.5.2　新型地下装配式结构设计

1. 结构形式

白龙港地下污水处理厂工程由两座箱体组成，单座箱体平面尺寸为 286.35 m×254 m，分为反应池区域、二沉池区域、深度处理区域，如图 4－43 所示。

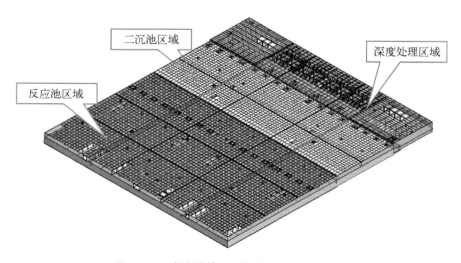

图 4－43　白龙港地下污水处理厂模型示意图

反应池区域分为下部构筑物层和上部操作层,下部构筑物层高为 7.3 m(水池底板顶至水池顶板),上部操作层高度为 5 m(水池顶至箱体顶板),如图 4 - 44 所示。

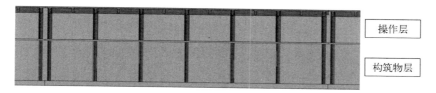

图 4 - 44　地下污水处理厂生物反应池区域主要剖面示意图

二沉池区域分为下部构筑物层和上部操作层,下部构筑物层高度为 4.9 m(局部 8.4 m),上部操作层高度为 5.8 m,如图 4 - 45 所示。

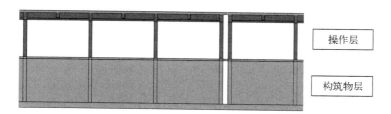

图 4 - 45　地下污水处理厂二沉池区域主要剖面示意图

深度处理区域下部构筑物层和上部操作层,该区域构筑物种类较多,下部构筑物层高度为 4.9~8.4 m,上部操作层高度为 3.6~7.3 m,如图 4 - 46 所示。

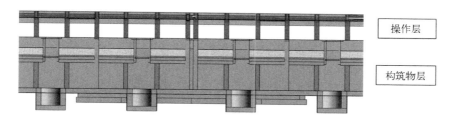

图 4 - 46　地下污水处理厂深度处理区域主要剖面示意图

上部操作层内部均为框架结构,反应池和二沉池区域柱网较为规则,深度处理区域柱网布置受下部构筑物墙体位置限制,柱网不规则。由于该地下污水处理厂顶板上覆土达 2 m,荷载很大,为了降低梁高,增加操作层空间,顶板梁采用井字梁布置,如图 4 - 47 所示。箱体顶板为典型的双向板布置。

2. 地下装配式结构设计

(1)预制构件布置。本工程单层装配面积达 60 000 m²,工程体量大,水平及垂直运输材料难度大。同时预制装配式框架结构设计难度较大,预制构件加工相对复杂,现场施工管理较为困难,很容易造成节点核心区钢筋无法连接或碰撞现象,进而影响工程安全、进度及质量。因此综合考虑施工各方面的因素后,选定一定区域采用装配式结构作为示范,如图 4 - 48 所示。

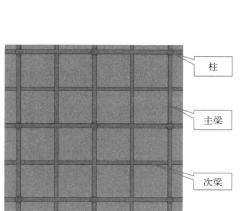

图 4 - 47　局部梁柱体系示意图

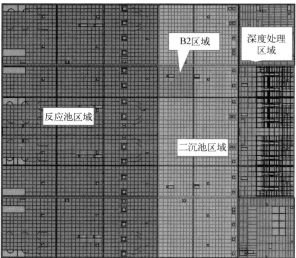

图 4 - 48　装配式区域平面布置图

在大面积的平面范围内(反应池区域、二沉池区域)采用装配整体式结构。外壁部分采用现浇,梁、柱采用现浇形式,箱体顶板采用预制形式,如图 4 - 49 所示。箱体顶板采用预制板 100 mm 和整体浇筑层 150 mm 的叠合板形式。

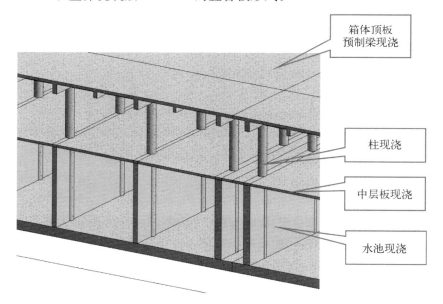

图 4 - 49　反应池区域和二沉池区域剖面示意图

B2 施工分区采用"中层板预制＋柱预制＋箱体梁板预制"的形式,剖面示意图如图 4 - 50 所示。中层板采用"预制板 100 mm＋整浇层 100 mm"的叠合板形式;预制柱采用套筒灌浆的连接形式;箱体顶板采用"预制板 100 mm＋整浇层 150 mm"的叠合板形式;箱体顶板梁采用节点预制,连接段现浇的方案。

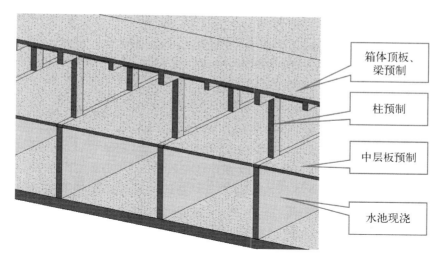

图 4-50　B2 区域剖面示意图

（2）预制梁设计。对于装配式框架结构，柱梁节点核心区的连接方式选择非常关键，不同的连接方式对于施工质量及框架结构整体力学性能影响较大。框架梁柱装配形式按照预制部位分为两种。第一种是梁柱构件在构件厂预制，现场拼装后，柱梁节点在现场浇筑，如图 4-51 所示；第二种是柱梁节点在构件厂中预制，现场拼装完成后，节点间连接段在现场浇筑，如图 4-52 所示。

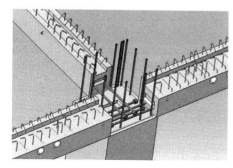

图 4-51　梁柱节点现浇

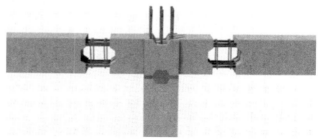

图 4-52　梁柱节点预制

白龙港地下污水处理厂提标改造工程为地下箱体结构，箱体上方覆土厚度 2 m，荷载较大，梁柱节点核心区内钢筋众多，采用第一种方案易造成核心区钢筋相互碰撞，施工困难，故梁柱装配形式宜采用第二种。

由于箱体梁布置采用井字梁布置形式，因此在梁柱节点、主次梁节点、次梁节点处分别设置预制梁柱节点、预制主次梁节点和预制次梁节点。各种节点布置方式如图 4-53 所示。各节点安装到位后，将各节点间连接段现浇，形成整体受力体系。通过调整现浇连接段长度，减少预制梁节点规格数量，更易实现构件标准化。

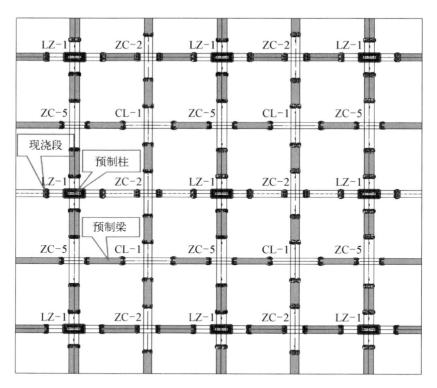

LZ—梁柱节点;ZC—主次梁节点;CL—次梁节点

图 4-53　预制梁节点布置示意图

如图 4-54 所示,梁柱节点采用预制工艺,梁从柱侧面伸出 1.0～1.5 倍梁高范围为预制范围,钢筋预留规范要求的钢筋长度。预制柱内纵筋穿过预制梁柱节点预留的螺纹对穿孔后,注浆封闭。柱纵筋直径均为 25 mm,选用螺纹孔直径为 40 mm。通过预埋在预制柱里直径 50 mm 的灌浆孔进行灌浆并形成整体。

依据框架梁受力图,在梁柱节点内两个方向的框架梁均只将底部两层钢筋伸入柱内并贯通设置,其余钢筋在梁柱节点端截断。主次梁节点、次梁节点从主次梁(次梁)相交处伸出一定长度梁段采用预制,端部钢筋设置钢筋接驳器,采用纵向间距 80 mm 梅花形布置,如图 4-55 所示。

预制梁节点的连接采用钢筋搭接现浇混凝土方式,如图 4-56 所示。梁柱节点连接截面宜尽量接近柱边,可以适当减少梁端底部预留钢筋数量,同时现浇段基本位于距梁端 1/3 处,从而减小弯矩及需要连接的钢筋数量。

(3)预制柱设计。B2 区预制柱有 400 mm×800 mm 和 400 mm×850 mm 两种截面类型,高度均为 4 260 mm,上下部分别预留 20 mm 和 40 mm 与预制节点灌浆连接。预制柱内纵筋穿过预制梁柱节点预留的螺纹对穿孔后注浆封闭,并在柱顶现浇层内用螺栓锚头锚固。柱纵筋直径均为 25 mm,选用直径为 40 mm 的螺纹孔。预制柱设计如图 4-57 所示。

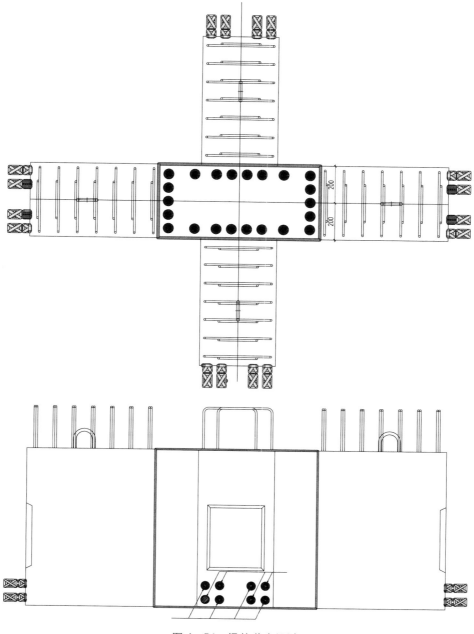

图 4 - 54 梁柱节点设计

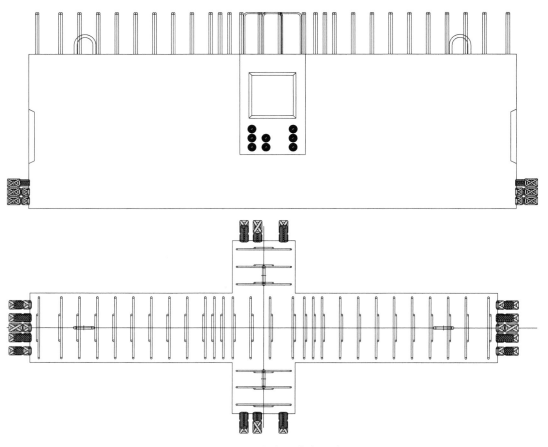

图 4-55　主次梁节点设计

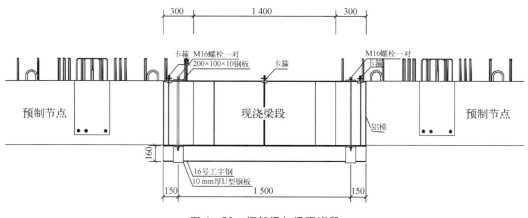

图 4-56　框架梁与梁现浇段

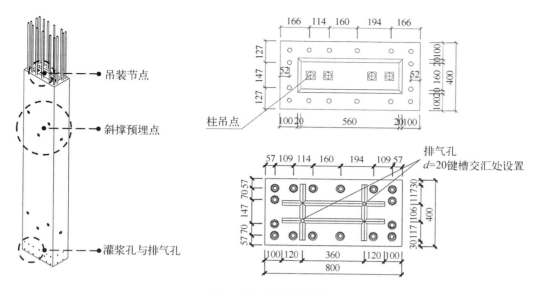

图 4-57　预制柱设计

（4）预制楼板设计。箱体顶板预制区域梁布置均为井字梁布置，预制板最大尺寸约为 4.0 m×3.3 m，自重 3.4 t。B2 层区域中层板预制区域典型梁格布置为一字梁，叠合板块长边和短边跨度分别为 6.0 m 和 3.4 m。采用两道 585 mm 宽拼接缝将其拆分为三块预制板，典型板块尺寸为 3.4 m×1.5 m。除个别构件外，中层板的预制板块自重为 1.0～1.4 t。

4.5.3　新型地下装配式混凝土结构高效施工

在满足施工进度要求的前提下，为充分提高结构的整体预制装配率，以实现工业化、绿色化的污水处理厂的目标，本工程在 B2 层施工分区内采用 B1 层板预制、B1 层柱预制和 B0 层"梁节点预制＋叠合板"的高预制率施工方案。B1 层和 B2 层层高分别为 5.4 m、5.3 m。B1 层板采用预制板，B1 层至 B0 层间的局部柱采用预制柱，B0 层板采用"预制节点＋预制板"。

1. 装配式混凝土构件施工流程

（1）预制柱施工。预制柱施工前，先清理柱脚地表，然后在柱脚处放控制线，接着修正柱脚钢筋。完成后进行预制桩的吊装，调整柱的垂直度，接着进行柱脚坐浆，最后进行柱脚灌浆施工。预制柱主要施工流程及现场施工情况如图 4-58 所示。

（2）预制节点施工。预制节点施工时，首先找梁中心点进行放线，接着修正柱顶钢筋，然后开始梁柱节点吊装。吊装完成后进行梁柱节点间坐浆，接着进行梁柱节点灌浆。在主次梁节点和次梁节点搭设下部支撑，然后主次梁节点和次梁间节点吊装，最后现浇梁施工。预制节点主要施工流程如图 4-59 所示。

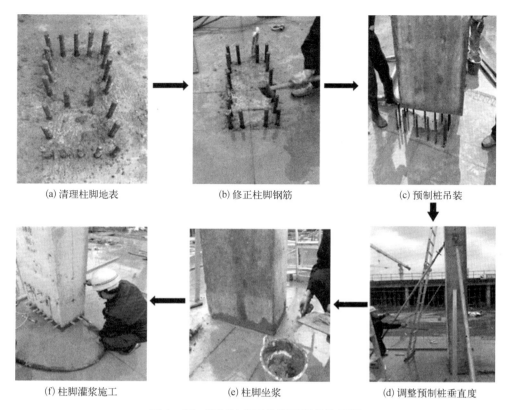

(a) 清理柱脚地表　　(b) 修正柱脚钢筋　　(c) 预制桩吊装

(f) 柱脚灌浆施工　　(e) 柱脚坐浆　　(d) 调整预制桩垂直度

图 4 - 58　预制柱施工流程及现场施工图

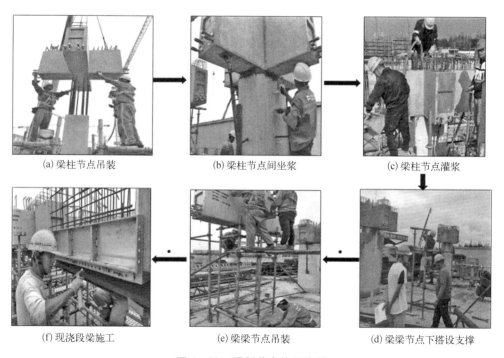

(a) 梁柱节点吊装　　(b) 梁柱节点间坐浆　　(c) 梁柱节点灌浆

(f) 现浇段梁施工　　(e) 梁梁节点吊装　　(d) 梁梁节点下搭设支撑

图 4 - 59　预制节点施工流程

（3）预制板施工。本工程 B0 层预制板施工顺序按照 B1 层结构施工顺序由西向东进行，同时 B2 施工分区内预制构件同步由下向上施工，装配式结构总体吊装施工流程如图 4-60 所示。

图 4-60　总体吊装施工流程

首先进行梁侧挑耳施工，在挑耳处坐浆，接着进行预制板的吊装，板钢筋的绑扎，最后进行现浇层的浇筑。预制板主要施工流程如图 4-61 所示。

图 4-61　预制板施工流程图

2.装配式混凝土预制构件支撑体系施工要点

(1) B1 层预制柱的临时固定。在塔吊吊装之前,施工人员在构件吊装到相应位置后需及时将支撑钢板固定在预制柱上。按照测量员投放的线将预制柱安装到位后,施工人员将斜撑的钢管支撑在支撑钢板上和露面的支撑点上,如图 4-62 所示。

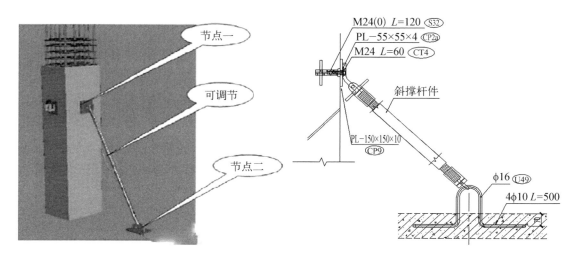

图 4-62 斜撑预制柱节点图

(2) B0 层预制节点的临时固定。本工程 B0 层预制节点的临时固定分为两种情况,第一种情况是预制柱梁节点搁置于 B1 层方柱上,并采用专用调节器调节(图 4-63);第二种情况是其余节点搁置于盘扣式模板支架上,采用顶托调节(图 4-64)。

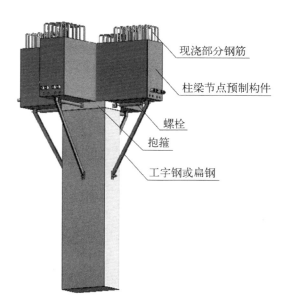

图 4-63 预制柱梁节点采用专用调节器

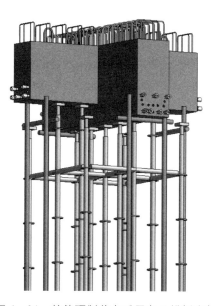

图 4-64 其他预制节点采用盘口模板支架

（3）B0 层预制板的搁置。B0 层预制板支承于现浇梁侧挑耳上，挑耳下方设置盘扣式模板支架。预制板利用自身强度搁置在挑耳上，不再另外搭设模板支架，如图 4 - 65 所示。吊装施工前在挑耳处采用坐浆方式调平预制板并封堵板与梁之间的缝隙，如图 4 - 66 所示。

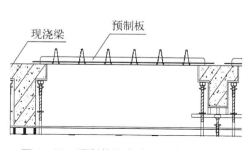

图 4 - 65　预制柱梁节点采用专用调节器

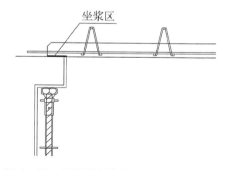

图 4 - 66　其他预制节点采用盘口模板支架

3. 地下装配式混凝土吊装施工要点

吊装采取整体推进式顺序，确保框架的安全性。在吊装预制构件时，必须确保下部支撑构件达到设计强度。

1）预制构件总体吊装顺序

本工程的预制构件总体吊装顺序如下：

（1）B0 层预制板的顺序：A 区→B 区；

（2）B2 分区的总体顺序：B1 层预制板→B1 层预制柱→B0 层预制节点→B0 层预制板等。

2）预制构件吊装施工过程

以下对 B2 分区预制构件的吊装施工过程进行简要阐述。

（1）B1 层预制板吊装。B1 层预制板吊装施工流程：B2 层梁板支撑搭设→预制板下坐浆→板吊装→调平，如图 4 - 67 所示。预制板吊装前应检查可调支撑是否高出设计标高，校对预制梁之间的尺寸是否有偏差，并做相应的调整。当一跨板吊装结束后，及时对板进行校正以确保其平整度。叠合板采用预制构件吊装扁担梁进行吊装，通过 4 个或 8 个吊点均匀受力，保证构件平稳吊装。

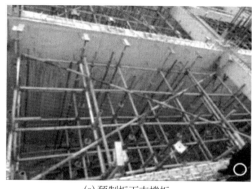

(a) 预制板下支撑板

(b) 预制板吊装

(c) 预制板就位　　　　　　　　　　　　　　(d) 预制板安装完成

图 4-67　B1 层预制板吊装施工流程

（2）B1 层预制柱吊装。B1 层预制柱吊装施工流程如图 4-68 所示。柱子在吊装到楼层时预先根据已经弹好的线进行定位。一般吊装完两跨柱子后，放线员使用经纬仪控制柱的垂直度，并且进行跟踪核查。垂直度符合要求后用斜拉杆进行固定。

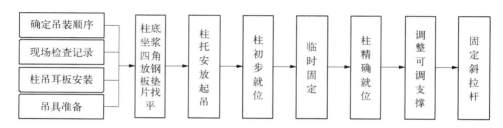

图 4-68　B1 层预制柱吊装流程

（3）预制节点吊装。吊装过程应遵循"柱梁节点→主次梁节点→次梁节点"的施工顺序。预制十字梁节点采用扁担梁四点起吊，如图 4-69 所示。在预制柱吊装完成后，采用如图 4-70、图 4-71 所示的施工流程：节点支撑搭设→节点吊耳→扁担梁起吊→调平。

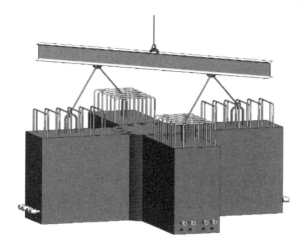

图 4-69　预制节点吊装示意图

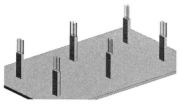
(a) 现浇柱施工

(b) 节点下排架搭设

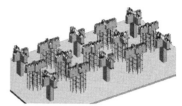
(c) 预制节点吊装

(d) 节点间现浇段施工

(e) 预制板吊装

(f) 整浇层施工

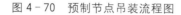

图 4 - 70　预制节点吊装流程图

(a) 柱顶钢筋定位复核

(b) 柱梁安装

(c) 钢垫块固定标高

(d) 标高确认复核

(e) 其余节点吊装

(f) 柱梁节点坐浆封堵

图 4 - 71　预制节点吊装现场示意图

（4）B0 层预制板吊装。B0 层预制板吊装的施工流程为：现浇梁施工→现浇梁养护达到强度→挑耳处坐浆→预制板吊装→调平，如图 4 - 72 所示。

(a) 预制板吊装

(b) 梁挑耳清理

(c) 坐浆层施工

(d) 预制板就位

图 4 - 72　B0 层预制板吊装流程图

为保证构件平稳吊装设置两级吊梁。下方吊梁采用 16# 工字钢，上部采用 18# 工字钢作为扁担梁。6 个吊点均匀受力，如图 4 - 73 所示。

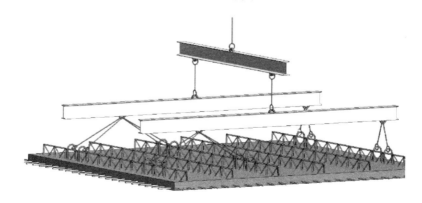

图 4 - 73　预制板吊装示意图

4. 装配式混凝土梁模板支架体系施工要点

预制节点间的现浇梁段长为 $1\,400\sim1\,600$ mm，此部分梁采用现浇混凝土结构施工。梁模板采用"铝膜面板＋16#工字钢吊模"的工具式模板支架体系，如图 4 - 74、图 4 - 75 和图 4 - 76 所示。模板支架预埋有两个 $\phi18$ 的孔洞。预制梁节点吊装至指定位置后，在孔内穿插 $\phi16$ 的螺栓。构件上部铺设 10 mm 厚钢板垫片并采用螺母固定，下挂 16#工字钢并采用 10 mm 厚 U 型钢板包边固定。预制梁节点间现浇段部分的钢筋采用两侧的钢筋接驳器接出并在现浇梁部分以搭接的形式连接，如图 4 - 77所示。

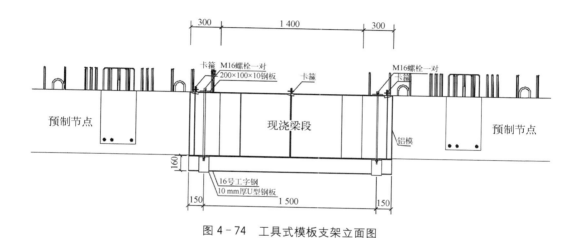

图 4 - 74　工具式模板支架立面图

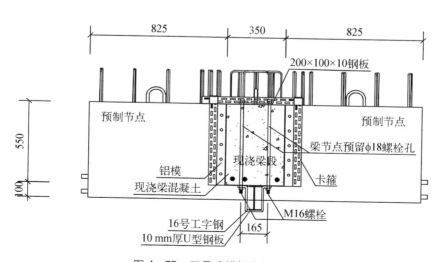

图 4 - 75　工具式模板支架剖面图

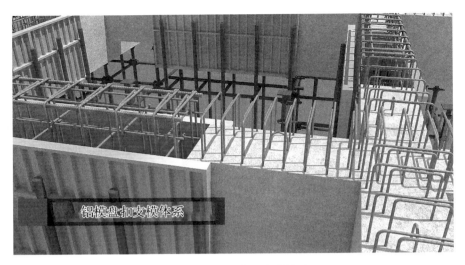

图 4 - 76　铝模盘扣支模体系

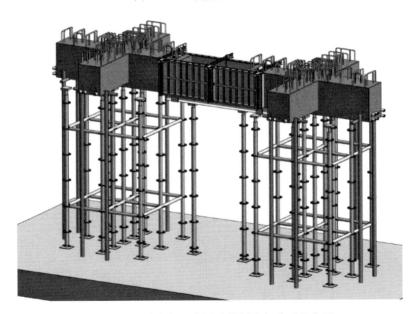

图 4 - 77　节点间现浇梁端模板支架体系示意图

4.5.4　应用效果

地下装配式结构成功应用于上海市白龙港地下污水处理厂工程（图 4 - 78），结果表明：地下空间预制装配化施工节约了模板的搭设工作量和钢筋的绑扎量，构件在工厂预制，相比现浇构件具有更好的质量，这种方案可明显缩短工期，大大减少了现场的湿作业，有利于降低人工成本，产生了较好的经济效益和社会效益，推动了装配式结构相关体系及施工工艺的发展，能够为城市地下空间结构的装配化施工提供良好的示范效应。

主次梁节点

预制板

预制板下挑耳

图 4 - 78　白龙港地下污水处理厂施工效果图

4.6　工程应用——上海市金山枫泾海玥灏庭项目

4.6.1　应用概况

金山区枫泾镇 04－05 号、04－07 号商品房项目为预制装配式住宅工程,其中 30# 楼基础形式为桩承台＋条形基础,上部结构采用"梁、柱构件预制＋节点预制＋后浇 UHPC 材料连接"的新型装配式框架结构体系,单体预制率≥45%,如图 4－79 所示。如图 4－80 所示的预制构件范围为 1～2 层,主要构件类型为预制柱、预制梁、预制板和预制梁柱节点,其中预制柱布置范围为 1 层至闷顶层,预制梁、预制楼板布置范围为 2 层至闷顶层,预制楼梯布置范围为 1～2 层。预制柱、预制梁、预制节点之间的连接采用"钢筋直锚短搭接＋UHPC 材料后浇"的高效连接技术。

图 4－79　枫泾镇商品房项目 30# 楼效果图

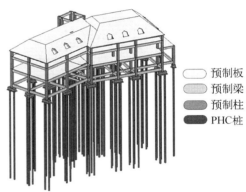

预制板
预制梁
预制柱
PHC桩

图 4－80　30# 楼结构预制构件分布示意图

4.6.2　装配式结构设计

1. 梁-梁节点设计

如图 4－81 所示,预制钢筋混凝土柱在节点区域应预留一定长度的悬臂梁,在梁端 1.5 倍梁高处与预制梁进行采用 UHPC 短连接,连接的搭接长度为 $10d$,这样可以保证装配式节点与现浇节点具有相当的抗震能力,使节点在受力破坏时首先在梁端形成塑性铰,符合"强节点、弱构件"的设计思路。

2. 梁柱节点设计

如图 4－82 所示,底部预制柱纵筋采用套筒灌浆连接,在预制梁柱节点区域,预制柱内纵筋穿过预制梁柱节点预留的螺纹对穿孔后,注浆封闭,与上层预制柱采用 UHPC 作为后浇段浇筑材料。钢筋使用搭接连接的方式,搭接长度为 $10d$。柱纵筋直径均为 25 mm,选用螺纹孔直径为 40 mm。

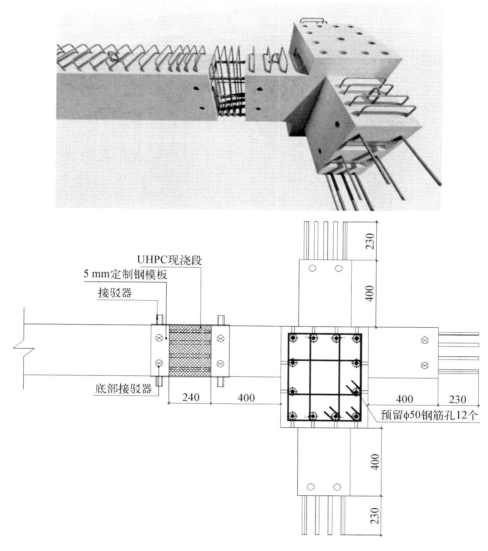

图 4 - 81　梁-梁节点设计

3. 柱-柱节点设计

框架通过预埋在两层柱子里的 10# 工字型钢支承在 1 层柱子上,完成竖直方向的定位。同时靠两侧斜撑杆件支承柱体,完成水平方向的定位。通过预埋在预制柱里直径 50 mm 的灌浆孔进行 UHPC 的灌浆,形成整体,如图 4 - 83 所示。

4. 新型装配式体系效果

按照上述的节点设计将预制梁、预制柱通过节点拼接成整体框架,并采用 UHPC 高强灌浆料后浇,形成的框架结构具有形式灵活、施工高效、结构可靠的特点,新型装配式体系最终效果如图 4 - 84 所示。

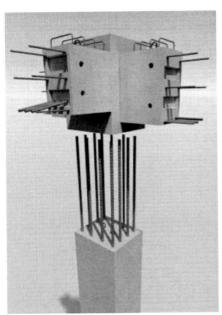

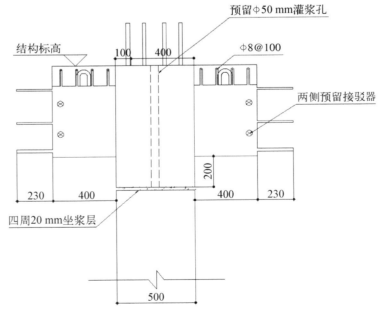

图 4-82 梁柱节点设计

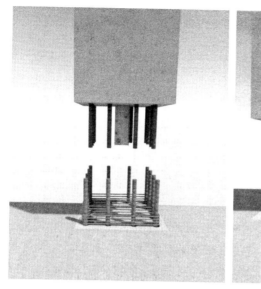

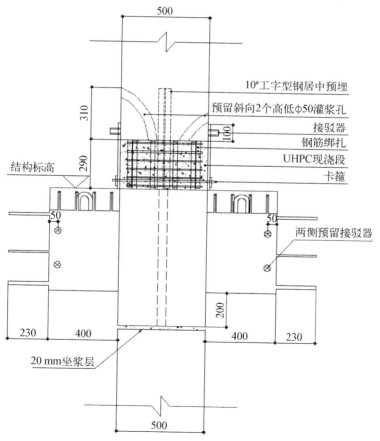

图 4‑83　柱‑柱节点设计

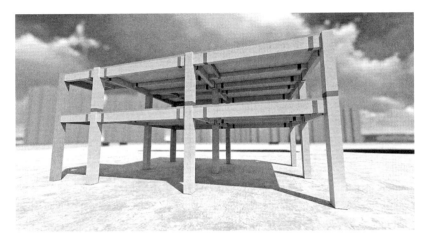

图 4‑84　预制装配结构体系效果图

4.6.3　预制装配结构体系施工

1. 施工工序及流程

预制构件吊装顺序为：1层预制柱→1层预制节点→1层预制主梁→1层叠合板→2层预制柱→2层预制节点→2层预制主梁→2层叠合板，采取整体推进式吊装顺序。为确保框架的安全性，在吊装预制构件时必须确保下部支撑构件达到设计强度。施工流程如图 4‑85 所示。

(a) 1层柱吊装

(b) 1层柱临时固定和底部灌浆

(c) 定位放线与搭设定型化支撑

(d) 吊装柱上十字梁

(e) 十字梁底部坐浆与安装十字梁位置斜撑及连接片

(f) 吊装其他预制梁与安装UHPC后浇位置定型化钢模板

(g) 十字梁节点同时后浇UHPC

(h) 制作模板和叠合板吊装

(i) 绑扎钢筋与浇筑混凝土

(j) 二层柱吊装和定位

(k) 定型化钢膜安装与浇筑UHPC

图 4‑85　预制装配结构体系施工流程示意图

下面分别详细介绍预制柱、预制梁和预制板吊装和固定的施工流程及要点。

2.预制柱的吊装和固定

（1）预制柱吊装施工流程。预制柱吊装施工流程如图4-86所示，注意事项同4.5.3节。

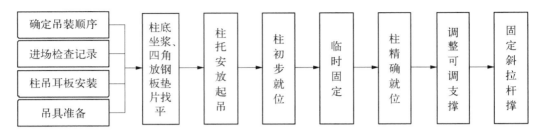

图4-86　预制柱吊装施工流程图

图4-87　UHPC现场搅拌

（2）预制柱的临时固定。一层预制柱的临时固定同4.5.3节，采用柱上预埋钢板与楼板上的预埋件靠斜撑杆件临时支撑柱体，如图4-62所示。对于二层及以上预制柱，通过预埋在柱子里的工字型钢支撑在下层柱上，完成竖直方向的定位，同时靠两侧斜撑杆件支撑柱体，完成水平方向的定位。

UHPC的搅拌采用搅拌灌注一体化车进行，如图4-87所示。

如图4-88所示，预制柱底部节点浇筑采用定型化钢模板，由预制钢模板和紧固件、预制钢模板组成，通过漏斗向支撑装置也即是预制混凝土柱的后浇段区域浇筑UHPC，并进行振捣。通常分两次进行后浇段UHPC的浇筑和振捣，如此可以确保混凝土后浇段。待开口处被UHPC填满时，向开口处插入封口板，完成预制混凝土柱的后浇段施工。

3.预制梁的吊装和固定

（1）预制梁吊装施工流程。预制梁吊装施工流程主要包括：节点支撑搭设（柱梁节点下垫设混凝土块并架设专用调节架，其余节点下搭设调节器）→节点吊耳→扁担梁起吊→调平。预制十字梁节点采用扁担梁四点起吊，预制主梁采用扁担梁两点起吊。

（2）预制梁的临时固定。如图4-85(e)所示，预制柱连藕梁节点搁置于柱上，并采用专用调节器调节，预制柱内纵筋穿过预制节点预留的螺纹对穿孔后注浆封闭。预制主梁搁置于定型化支撑上，采用顶托调节，见图4-89。

(a)定型化钢模板

(b)UHPC节点超灌浇筑

图 4‑88　预制柱节点浇筑施工

图 4‑89　主梁的临时固定

　　吊装后采用定型化钢模板进行连接节点处 UHPC 的现浇施工,如图 4‑90所示。

　　4. 预制板的吊装和固定

　　预制板吊装施工流程主要包括:支撑搭设→预制板下坐浆→板吊装→调平。如图 4‑91 所示,预制板支撑于预制梁两侧,吊装施工前,在挑耳处采用坐浆方式调平预制板并封堵板与梁之间的缝隙,同 4.5.3 节。

图 4-90 梁节点连接处后浇 UHPC

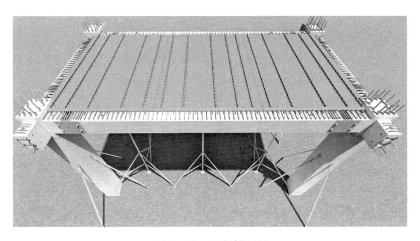

图 4-91 预制板吊装

4.6.4　应用效果

金山枫泾海玥瀜庭项目 30#楼采用了"节点预制＋构件预制＋UHPC 节点现浇"的装配式结构体系,如图 4‑92 所示。节点使用预制"十字"二维柱梁节点,梁端和柱底采用

图 4‑92　海玥瀜庭项目 30#楼工程效果图

UHPC直锚短连接,并应用了无排架预制构件节点快速浇筑施工工法及施工装备进行接缝施工,减少劳动力 50％以上,提高建造效率,达到每层只用 5 天的建设速度。同时结合 UHPC 实现了接缝连接快速、现场作业少、人工成本少、质量控制易等有益的效果。

工程应用结果表明:使用 UHPC 预制构件安装体系可节约成本,UHPC 预制构件安装体系可有效取代传统构件连接方式,节约了传统钢管扣件的租赁费以及运输费、灌浆套筒材料人工费等。UHPC 预制构件安装体系提高了连接质量,降低了套筒连接产生的质量问题,减少了不合格产品维修改费用,节约了生产成本。

4.7　结语

本章对两种基于 UHPC“钢筋直锚短搭接”的新型装配式框架结构开展了室内低周反复加载试验和室外足尺压载试验,得到以下结论:

(1)PCUS 装配式试件在加载过程中表现出良好的受力性能,符合“强柱弱梁,强节点弱构件”的设计要求。试件屈服机制为梁铰机制,优于整浇试件的混合屈服机制。PCUS 装配式试件具有良好的承载能力、位移延性和整体变形能力。且 PCUS 装配式试件延性变形能力、刚度退化、强度退化和能量耗散系数均等同或优于整浇试件,各项性能指标与整浇试件对比均达到了等同现浇的水平,基本满足了“大震不倒”的抗震要求。

(2)现场原位加载试验表明,试验结构承载力满足设计要求,主体受力结构刚度充足,试验构件基本处于弹性工作状态,结构具有较大的安全储备和良好的工作性能。

基于 UHPC“钢筋直锚短搭接”的新型装配式框架结构(PCUS)在白龙港地下污水处理厂、金山枫泾海玥瀜庭项目中开展了试点示范应用,展现了节省劳动力、提高建造效率、简化质量控制等有益效果,具备广阔的应用前景。

第5章　基于 UHPC 连接的装配式剪力墙结构体系研究及应用

5.1　引言

第 4 章所讨论的新型装配式框架结构体系的研究与工程应用效果表明[26,27]：UHPC 可应用于装配式结构的连接部位，有效简化了接缝处钢筋连接，提高了施工速度，保证了浇筑质量。然而，UHPC 应用于装配式剪力墙钢筋连接的相关研究目前尚不多见。夏鑫磊等[28]进行了 2 m 高度基于 UHPC 连接的装配式墙体和现浇墙体的悬臂加载试验，研究表明：在相同尺寸和配筋条件下，装配式墙体的承载能力和抗变形能力均优于现浇墙体；UHPC 与预制混凝土的连接可靠，黏结强度高于普通混凝土抗拉强度，且在受荷过程中未发生塑性开裂。龚永智等[29]进行了基于 UHPC 连接的一字形和 U 形装配式混凝土剪力墙试件的低周反复试验，指出当 UHPC 强度为 134.8 MPa、钢筋搭接长度为 $10d$ 时，UHPC 能够确保装配式混凝土剪力墙连接段强度，装配式混凝土剪力墙试件的整体性能较好，与现浇剪力墙表现出相近的刚度退化和耗能变化规律，具备良好的抗震性能和较好的延性；然而，UHPC 连接的装配式剪力墙结构的承载能力和抗震性能尚不明确，且地下装配式建筑仍未形成较为成熟的设计体系和高效施工工法，特别是针对大型地下空间结构仍面临着许多亟待解决的技术难点。因此，有必要研发新的装配式剪力墙体系，并通过试验研究和工程应用验证，以及验证其技术可行性和性能效果，以便将新型装配式结构体系在地下工程等更多的应用领域进行推广。

基于 UHPC 材料的钢筋直锚短搭接新型预制剪力墙结构体系，其主要技术特点为：在剪力墙底部预留 UHPC 后浇区，钢筋在此区域内采用搭接连接，该连接具有简化接缝处钢筋布置、易检测施工质量等优点。

为研究基于 UHPC 连接的剪力墙抗震性能，共设计制作了 5 榀足尺剪力墙试件，对其进行低周反复荷载试验，研究试件的钢筋传力情况、裂缝分布、破坏形态以及承载力、刚度、位移延性、耗能能力等整体性能。通过低周反复荷载试验，研究试件在不同轴压比下的承载力、滞回耗能、位移延性、刚度退化和强度退化等抗震性能，为工程应用提供理论依据。基于连接试验结果，考虑地下结构剪力墙尺寸的特点，创新性地研发了新型钢板桁架双面叠合剪力墙结构体系（SPDW 体系）[30]，并将其应用于竹园地下污水处理厂四期工程，结果表明：采用 SPDW 体系能够提升整体工程的施工质量，加快施工速度，降低施工安全风险,具有显著的示范效果和极大的推广价值。

5.2 基于 UHPC 连接的装配式剪力墙抗震性能试验研究

5.2.1 试验概述

1. 试件设计与制作

本试验设计并制作了 5 榀足尺剪力墙试件,包括整浇对比试件 SW 和 4 榀装配式剪力墙试件,分别为 TW1—TW4。试件 TW1—TW3 在墙底设置水平后浇段,TW4 在墙板中部及底部设置后浇段,两侧由两片半墙拼接而成,如图 5-1 所示。

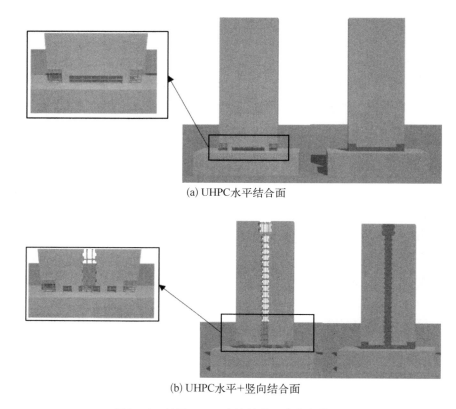

(a) UHPC水平结合面

(b) UHPC水平+竖向结合面

图 5-1　基于 UHPC 连接的装配式剪力墙结构

试件 TW1 与试件 TW3 的轴压比不同,试件 SW、试件 TW1 与试件 TW4 轴压比相同。5 榀剪力墙试件均采用矩形截面,几何尺寸、配筋等均相同:墙高 2 800 mm,墙长 1 300 mm,墙厚 160 mm,墙厚符合《建筑抗震试验规程》(JGJ/T 101—2015)一级抗震墙结构最小墙厚的规定,试件基本参数见表 5-1。

146

表 5-1　试件基本参数

试件编号	墙体加工方法	接缝位置	界面处理方式	设计轴压比	轴压力/kN
SW	整浇	—	—	0.2	660
TW1	水平缝	墙底	粗糙面	0.2	660
TW2	水平缝	墙底	粗糙面	0.3	1 100
TW3	水平缝	墙底	粗糙面	0.45	1 560
TW4	竖向缝	墙中	粗糙面	0.2	660

试验试件由加载梁、剪力墙、地梁三部分组成,试件立面图见图 5-2。剪力墙截面两端 200 mm 范围内设置暗柱,配置 4$\underline{\Phi}$16 竖向钢筋和$\underline{\Phi}$8@100 水平箍筋,暗柱后浇段高度为 180 mm;墙肢部分竖向钢筋$\underline{\Phi}$8@200,水平分布钢筋$\underline{\Phi}$8@150,后浇段高度为 100 mm。另外,为方便试件吊装拼接,装配式试件底部设置混凝土支腿,试件截面配筋见图 5-3。

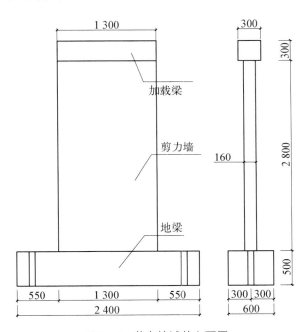

图 5-2　剪力墙试件立面图

2. 材料性能

钢筋材料性能实测值见表 5-2。5 榀试件地梁混凝土同批次浇筑,整浇试件墙体及装配式试件预制墙体混凝土为另一批次。对墙体混凝土预留标准立方体试块进行抗压强度试验,实测强度 $f_{cu,m}$ 为 45.9 MPa。后浇区 UHPC 原材料由浙江泰耐克(TENACAL)公司提供,各组分配比见表 5-3。试验前对 100 mm×100 mm×100 mm 立方体试块进行抗压试验,测得 $f_{c,u}$=110.8 MPa。对 100 mm×100 mm×300 mm 的棱柱体试块进行弹性模量试验,测得 E=42.6 GPa。

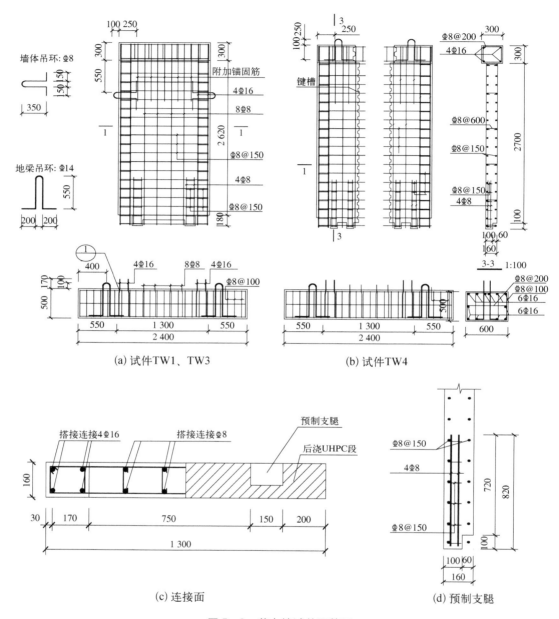

(a) 试件TW1、TW3　　　　(b) 试件TW4

(c) 连接面　　　　(d) 预制支腿

图 5-3　剪力墙试件配筋图

表 5-2　钢筋实测值

钢筋规格	f_y/ MPa	f_u/ MPa
Φ8	525.94	701.25
Φ16	557.66	698.76

注：f_y为钢筋屈服强度，f_u为钢筋抗拉强度。

表 5-3　UHPC 各组分配比

组　　分	重量比例
水泥	1.0
硅灰	0.3
石英砂	1.34
磨细填料	0.3
高效减水剂	0.05
水	0.2
钢纤维（体积掺量）	2%

3. 加载制度与量测内容

试验在河南工业大学结构实验室进行，拟静力试验加载装置如图 5-4 所示。根据《建筑抗震试验规程》(JGJ/T 101—2015)要求，首先通过 2 000 kN 液压千斤顶施加竖向轴压力，并在整个试验过程中保持不变，后通过 1 000 kN 作动器施加往复水平力。水平力采用荷载、位移混合控制机制，试件屈服前采用力控制加载，荷载等级为 40 kN，每级循环 1 次；屈服后采用位移控制加载，级差为 1 倍屈服位移，每级循环 3 次，直至试件无法继续承载或荷载下降至峰值荷载的 85% 时，停止试验。

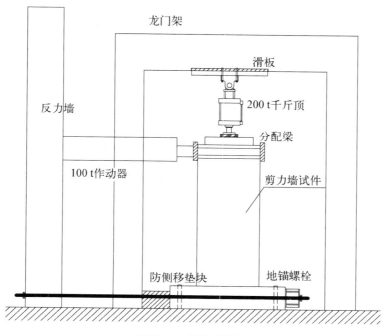

图 5-4　试验装置图

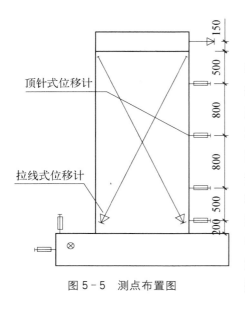

图 5-5　测点布置图

4. 测量内容及测点布置

5 榀剪力墙试件上的位移计布置情况见图 5-5。在加载梁右端与加载点等高处布置两个拉线式位移计,用于测量剪力墙的滞回位移。沿剪力墙侧面,墙高为 200 mm、700 mm、1 500 mm、2 300 mm 位置处布置顶针式位移计,在剪力墙正面,沿对角线方向布置两个拉线式位移计。地梁两侧分别布置了 3 个位移计,用于监测地梁的平移、转动以及翘起。用应变片测量钢筋应力-应变,整浇试件 SW 在距梁顶面 20 mm 处布置应变片;对于试验试件 TW1—TW4,分别在其相互搭接的钢筋距搭接端端部 20 mm 处布置应变片,用于收集数据来研究新型连接的传力性能。

5.2.2　试验现象及破坏模式

1. 试验现象

试件裂缝分布如图 5-6 所示。各试件的破坏模过程和破坏模式如下:

(1) 试件 SW:当水平荷载 $F=160$ kN 时,首先在墙体受拉侧距地梁顶面约 150 mm 处出现细小水平裂缝;当 $F=200$ kN 时,剪力墙与地梁接缝处开裂;继续加载至 $F=240$ kN 时,受拉侧墙体水平裂缝逐渐增多,部分裂缝斜向发展;当 $F=280$ kN 时,墙板中部产生腹剪裂缝,部分裂缝交叉呈"X"形,暗柱竖向钢筋受拉屈服。负向加载至位移 $\Delta=32$ mm 时,剪力墙与地梁接缝处裂缝贯通,墙底部受压侧混凝土少量剥落;$\Delta=48$ mm,裂缝最大宽度约 1.5 mm,同级荷载第三个循环时,在墙底 300 mm 范围内,两端混凝土轻微被压溃;负向加载至 $\Delta=64$ mm 第三个循环时,两端混凝土大量被压溃脱落,受压侧暗柱竖向筋向外鼓出,受拉侧竖向筋被拉断,水平承载力降至峰值荷载 85% 以下,加载结束。

(2) 试件 TW1:当负向加载至 $F=180$ kN,首先在墙底距地梁顶面约 250 mm 处出现第一条水平裂缝;继续加载,距墙底 $0.2\sim1.3$ m 墙高度范围的预制墙段新增多条水平裂缝,部分水平裂缝斜向发展;正向加载至 $F=280$ kN 时,预制墙段部分斜裂缝延伸至后浇区上方水平接缝处,同级荷载下,UHPC 与地梁接缝开裂,后发展为主要裂缝;$F=300$ kN 时,受拉侧暗柱竖向钢筋屈服。水平位移 $\Delta=30$ mm 时,预制墙段与 UHPC 接缝处裂缝宽度约为 1.7 mm,剪力墙受拉侧可见明显翘起,地梁顶面混凝土被拉裂;正向加载至 $\Delta=50$ mm,剪力墙与地梁接缝处裂缝宽度约 7 mm,同级荷载第三个循环时,预制墙底部出现细小竖向受压裂缝;水平位移加至 $\Delta=75$ mm 时,预制墙底部两端混凝土被压溃,受压侧暗柱竖向筋向外鼓出,水平承载力下降,加载结束。

(3) 试件 TW2:暗柱竖向钢筋屈服前,裂缝发展过程与试件 TW1 基本类似。竖向钢

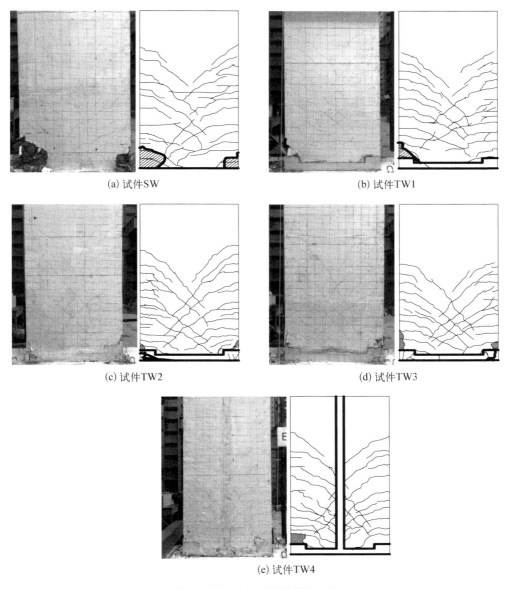

(a) 试件 SW

(b) 试件 TW1

(c) 试件 TW2

(d) 试件 TW3

(e) 试件 TW4

图 5-6　试件破坏后裂缝分布图

筋屈服后,正向加载至 $\Delta=15$ mm 第二个循环时,剪力墙轻微翘起,继续加载,受拉侧 UHPC 出现少量细小竖向裂缝;正向加载至 $\Delta=45$ mm 第一循环时,受拉侧 UHPC 新增多条斜裂缝,其中一条延伸至地梁接缝;同级荷载第二个循环时,该斜裂缝宽度增大为 7 mm,该处竖向裂缝也逐渐增大,正向水平荷载开始下降,反向荷载仍在增加;继续加载至 $\Delta=80$ mm,第一个循环结束时,受拉侧 UHPC 沿原竖向裂缝劈裂、脱落,正向荷载降至峰值荷载的 85%,试件破坏严重,加载结束。

（4）试件 TW3:正向加载至 $F=260$ kN 时,首先在预制墙底部受拉侧出现水平裂缝,继续加载至 $F=300$ kN,UHPC 与地梁接缝开裂;$F=340$ kN 时,部分水平裂缝斜向发展,裂缝整体分布在墙高 2 m 范围内,负向加载至 $F=360$ kN,预制墙斜裂缝发展至墙体与 UHPC 接缝处,继续加载,该裂缝延伸至 UHPC 后浇区;水平荷载加至 $F=400$ kN 时,受压侧暗柱竖向筋屈服;水平位移 $\Delta=30$ mm 时,UHPC 上方预制混凝土出现多条受压竖向裂缝;负向加载至 $\Delta=60$ mm 时,受压侧 UHPC 竖向裂缝增多,上方预制墙混凝土压酥剥落,受拉侧 UHPC 与地梁接缝处开裂较大,负向加载至 $\Delta=75$ mm,受拉侧预埋筋附近 UHPC 开裂较大,裂缝宽度约 4 mm,同时,受压侧预制墙底部暗柱竖向筋向外鼓出,混凝土大量压溃剥落,加载结束。

(5) 试件 TW4:水平荷载负向加至 $F=160$ kN 时,首先在距墙底 300 mm 处出现第一条水平裂缝,继续加载,裂缝数目增多,部分水平裂缝斜向发展;继续加载,剪力墙与地梁接缝处开裂。当 $F=260$ kN 时,部分裂缝斜向发展至预制墙与竖向 UHPC 接缝处,沿接缝发展一段距离后,跨过竖向 UHPC 段,在另一侧沿相同方向继续发展,UHPC 段未见明显开裂;正向加载至 $F=280$ kN 时,裂缝在竖向 UHPC 段两侧分别交叉,同级荷载下,受拉侧暗柱竖向筋屈服。水平位移加至 $\Delta=33$ mm 时,预制墙与水平 UHPC 段接缝处开裂,部分斜裂缝发展至该接缝处,并沿接缝发展一段距离,同级荷载第二个循环时,剪力墙与地梁接缝处裂缝贯通;水平位移为 $\Delta=50$ mm 时,剪力墙沿与地梁接缝发生平面内侧移,侧移量约为 3 mm;水平位移加至 $\Delta=66$ mm 时,预制墙底部两端混凝土被压溃,试件承载力不再增大;继续加载至 $\Delta=82$ mm,受拉侧暗柱竖向筋将被剪断,该处 UHPC 保护层少量剥落,水平位移为 $\Delta=90$ mm 时,试件承载力降至峰值荷载的 80% 以下,加载结束。

2. 破坏形态

试件 SW、试件 TW1、试件 TW2 和试件 TW3 破坏模式相似,均为暗柱竖向钢筋屈服,底部混凝土压溃脱落的压弯破坏。二者主要区别在于,装配式试件 TW1、试件 TW2 和试件 TW3 混凝土压溃区域较整浇试件 SW 上移,发生在 UHPC 后浇区上方,而不是剪力墙底部。

试件 TW4 的破坏形态为弯剪破坏,由于 UHPC 的良好抗拉性能使得两榀预制半墙通过 UHPC 连接后整体性大大增强,整榀试件的薄弱部位便出现在后浇区。

5.2.3　试验结果分析

1. 滞回曲线

剪力墙试件滞回曲线如图 5-7 所示,可以发现:

(1) 试件 SW、试件 TW1、试件 TW4 具有相同的轴压比,试件滞回性能基本一致,滞回曲线均较饱满,未见明显"捏拢"现象。加载至峰值荷载后,随位移增大,荷载能够保持一段时间,后缓慢下降,具有较好的"持荷"能力。

(2) 试件 TW1、试件 TW2、试件 TW3 具有相同的装配结构,轴压比分别为 0.2,0.3,0.45。随着轴压比增大,滞回曲线出现"捏拢",且轴压比越大,"捏拢"现象越显著,这与混凝土的开裂、局部压溃有关;轴压比增大时,裂缝发展受到抑制,变形能力变差。

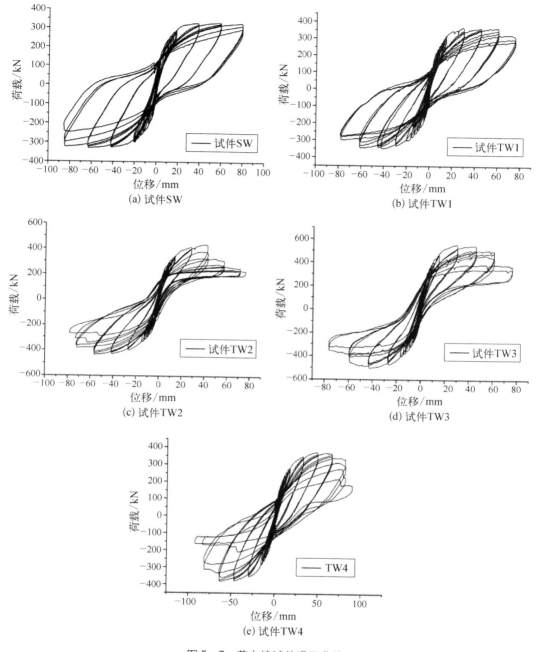

图 5-7　剪力墙试件滞回曲线

2. 骨架曲线

图 5-8 给出了两个对比组试件的骨架曲线。装配式试件与整浇试件骨架曲线走势基本一致：加载初期，曲线呈线性，试件处于弹性阶段；剪力墙开裂后，部分混凝土退出工作，试件刚度明显退化，进入弹塑性阶段；水平力进一步增大至峰值后，钢筋塑性变形，更多混凝土退出工作，曲线进入下降段，直至试件破坏。

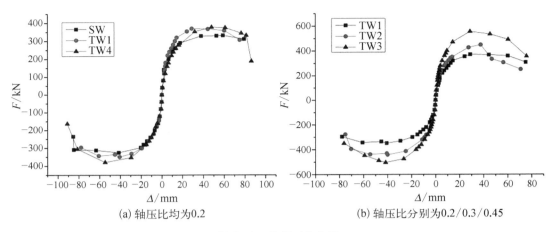

(a) 轴压比均为0.2   (b) 轴压比分别为0.2/0.3/0.45

图 5-8　骨架对比曲线

3. 承载力

表 5-4 列出了 5 榀剪力墙试件主要阶段的承载力。用能量等值法定义名义屈服点。可以看出,轴压比同为 0.2 时,装配试件 TW1 与试件 TW4 的开裂荷载和峰值荷载均略高于整浇试件 SW。这是由于:

(1) 装配试件 TW1、试件 TW4 底部后浇区 UHPC 强度较大,对搭接区竖向钢筋和竖向分布筋起到了局部加强的作用。

(2) 试件 TW1、试件 TW4 预制墙为水平浇筑,整浇墙 SW 竖向浇筑,混凝土密实度相对较差。另外,从 3 榀底部设置横缝的装配试件 TW1、试件 TW2、试件 TW3 可以看出,随着轴压比增大,试件承载力明显增加。

表 5-4　试件特征点水平力

试件	F_{cr}			F_y			F_p			F_u		
	正向	负向	平均	正向	负向	平均	正向	负向	平均	正向	负向	平均
SW	160	−160	160	308.3	−304.5	306.40	333.8	−325.1	329.45	283.73	−276.33	280.03
TW1	220	−180	200	323.3	−314.11	318.71	369.8	−348.99	359.4	314.33	−296.64	305.48
TW2	220	−220	220	389.59	−404.31	396.95	447.58	−442.46	445.02	380.44	−376.09	378.26
TW3	260	−260	260	430.17	−443.5	436.84	554.92	−503.69	529.31	471.69	−428.14	449.91
TW4	180	−180	180	332.47	−362	347.24	377.57	−380.41	378.99	320.93	−323.35	322.14

4. 变形能力

定义顶点位移角 $\theta = \Delta/H$,其中 Δ 为试件加载点的水平位移,H 为加载点到地梁顶面的距离,为 2 950 mm。用位移延性系数 $\mu = \Delta_u/\Delta_y$ 表征试件变形能力,其中 Δ_u 为试件达到破坏荷载时对应的水平位移,Δ_y 为名义屈服位移。表 5-5 给出了 5 榀试件在不同阶段的特征点位移。可以看出:

（1）当轴压比相同时，试件 TW1 与试件 SW 位移延性系数相差不大，装配式构件表现出了较好的变形能力。

（2）试件 TW4 的位移延性系数约为整浇试件的 73%，这是由于竖向接缝的存在隔断了剪力墙裂缝的发展，试件整体性增强，变形能力变差。

表 5-5　试件特征点位移

试件	Δ_{cra}			Δ_y			Δ_p			Δ_u			μ
	正向	负向	平均	正向	负向	平均	正向	负向	平均	正向	负向	平均	
SW	3.52	−3.53	3.53	22.71	−25.94	24.32	38.02	−41.49	39.76	89.17	−94.97	92.07	3.79
	1/838	1/838	1/838	1/128	1/113	1/123	1/78	1/72	1/74	1/33	1/35	1/32	
TW1	5.73	−4.8	5.3	15.25	−23.74	19.5	29.08	−40.63	34.86	72.93	−76.85	74.89	3.84
	1/515	1/615	1/557	1/197	1/123	1/151	1/101	1/74	1/84	1/40	1/38	1/39	
TW2	4.1	−4.15	4.13	21.16	−23.4	22.28	37.71	−39.98	38.85	43.11	−71.07	57.09	2.56
	1/720	1/720	1/720	1/139	1/126	1/132	1/78	1/74	1/76	1/68	1/41	1/52	
TW3	3.48	−5.34	4.41	14.8	−24.02	19.41	28.89	−41.69	35.29	62.58	−62.43	62.51	3.22
	1/848	1/552	1/670	1/199	1/123	1/152	1/102	1/70	1/84	1/47	1/47	1/47	
TW4	6.53	−5.94	6.24	25.33	−33.55	29.44	48.09	−62.72	55.4	81.82	−80.8	81.31	2.77
	1/452	1/497	1/473	1/117	1/87	1/102	1/62	1/47	1/53	1/36	1/38	1/37	

5. 刚度

图 5-9 给出了两组剪力墙试件的刚度曲线对比图。可以看出：

（1）装配式试件刚度退化规律与整浇试件基本一致，试件开裂前，刚度退化较快；开裂后，退化速度放缓；当接近破坏荷载时，试件刚度基本相同。

（2）试件 TW4 初始刚度较大，后由于发生整体侧移，破坏时刚度与整浇试件基本无异。

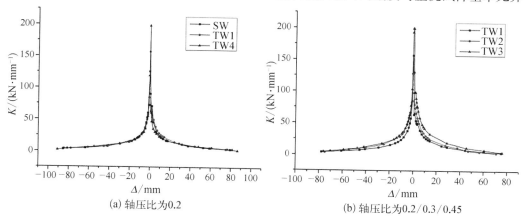

(a) 轴压比为0.2　　　　　　　(b) 轴压比为0.2/0.3/0.45

图 5-9　试件刚度退化曲线

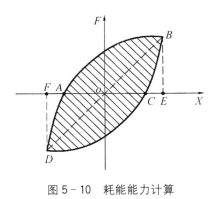

图 5-10 耗能能力计算

6. 耗能能力

按照《建筑抗震试验规程》(JGJ/T 101—2015)的规定,采用能量耗散系数 E 来计算试件的耗能能力,见式(5-1)。

$$E = \frac{S_{(ABC+CDA)}}{S_{(OBE+ODF)}} \quad (5-1)$$

式中　$S_{(ABC+CDA)}$——图 5-10 中滞回曲线所包围的面积;

　　　$S_{(OBE+ODF)}$——$\triangle OBE$ 与 $\triangle ODF$ 面积之和。

表 5-6　试件能量耗散系数

试 件	E_{cra}	E_y	E_u
SW	0.56	0.49	1.49
TW1	0.53	0.4	1.44
TW2	0.61	0.46	0.96
TW3	0.69	0.53	1.08
TW4	0.73	0.57	1.38

注:E_{cra}、E_y、E_u 分别为开裂荷载、屈服荷载以及极限荷载下试件能量耗散系数。

表 5-6 给出了 5 榀剪力墙试件在不同阶段的 E 值,可以看出,当轴压比均为 0.2 时,装配式试件 TW1、TW4 的能量耗散系数均高于整浇试件 SW 的 90%,这表明其他条件相同时,装配式剪力墙耗能能力基本与整浇试件处于同一水平。

7. 试验结论

(1)墙底部设水平缝的试件与整浇试件的破坏形态相同,为理想的压弯破坏。当试件破坏时,暗柱竖向钢筋屈服,底部混凝土被压溃。墙中部设竖缝的试件破坏形态为弯剪破坏。破坏时,部分暗柱竖向筋被剪断。

(2)轴压比相同时,两种接缝设置的装配式试件承载力相比整浇试件均有提高,位移延性和耗能能力与整浇试件处于同一水平。

(3)5 榀剪力墙试件在破坏前均未见钢筋明显滑移,这表明 10d 钢筋短搭接,后期浇筑 UHPC 的连接方式能够有效传递钢筋应力,新型连接安全可靠。

(4)5 榀剪力墙试件极限变形均大于 1/100,符合"大震不倒"的设计要求。

(5)UHPC 与预制剪力墙、地基梁的界面应采用粗糙面、键槽等构造措施,以提高界面的抗剪能力。

5.3　轴压比对新型装配式混凝土剪力墙抗震性能影响研究

5.3.1　试验概况

1. 试件设计与制作

试验共设计制作 4 个剪力墙试件,其中编号 SW1 为现浇剪力墙试件,轴压比为 0.2;PW1、PW2、PW3 为预制装配式剪力墙试件,轴压比分别为 0.2、0.33、0.47。各试件几何尺寸及配筋都相同,均由地梁、墙体和顶部加载梁组成。各试件墙厚为 160 mm,墙高为 2 800 mm,墙宽为 1 300 mm,两端在 200 mm 范围内设置暗柱。所有钢筋均采用 HRB400 级钢筋,试件尺寸及配筋见图 5-11。

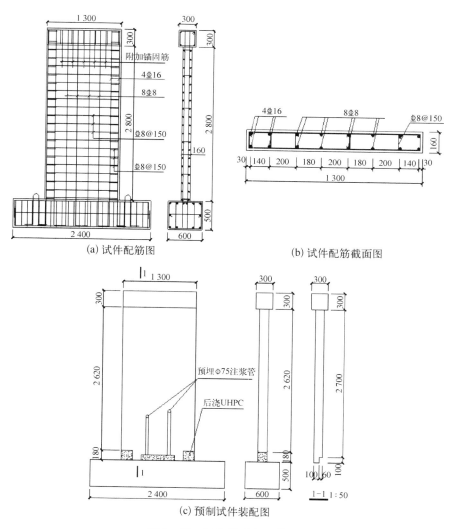

图 5-11　试件尺寸及配筋图

试件制作时先浇筑地梁,墙体与加载梁同时浇筑,预制墙吊装后封模、浇筑UHPC,地梁顶面与预制墙底均做粗糙面。预制试件墙体底部预留UHPC后浇段,后浇段高度:暗柱为180 mm,墙体中部为100 mm。后浇段竖向钢筋搭接长度:暗柱竖向钢筋为160 mm,墙内竖向分布筋为80 mm。为便于吊装,预制剪力墙底部后浇段设置支腿,支腿宽度为100 mm,厚度为100 mm,即预留60 mm厚通道,使UHPC能够在暗柱与内墙之间流通。

2. 材料性能

试件采用C40混凝土,UHPC采用浙江宏日泰耐克新材料有限公司生产的T180,混凝土和UHPC标准立方体抗压强度实测值分别为46.0 MPa和110 MPa。各直径钢筋材性试验实测屈服强度 f_y、屈服应变 ε_y、抗拉强度 f_u 及伸长率 δ 见表5-7。计算钢筋屈服应变时,弹性模量取 $E_s = 2.0 \times 10^5$ MPa。

表5-7　钢筋力学性能

规　格	f_y/ MPa	$\varepsilon_y/10^{-6}$	f_u/ MPa	$\delta/\%$
⏀ 8	525.94	2 630	701.25	23.13
⏀ 16	557.66	2 788	698.76	21.46

3. 试验加载

本试验在河南工业大学结构实验室进行,试验加载装置见图5-12。试件通过两根M68地锚螺栓固定在实验室反力地基上。试件SW1与试件PW1设计轴压比为0.2,施加的轴压为660 kN;试件PW2、试件PW3设计轴压比分别为0.33、0.47,施加的轴压分别为1 100 kN、1 560 kN。竖向荷载通过2 000 kN液压千斤顶施加,千斤顶顶部设有双向滑车。

图5-12　加载装置图

水平荷载采用荷载-位移混合控制,试件屈服前采用荷载控制,每级荷载循环 1 次,增量为 40 kN;试件屈服后采用位移控制,每级位移循环 3 次,增量为屈服位移的整数倍,直至荷载下降到峰值荷载的 85%,或试件出现明显破坏时试验终止。

4. 测量内容与测点布置

试验测量内容主要有竖向荷载、水平荷载、水平位移、竖向钢筋应变等。竖向荷载和水平荷载通过液压加载系统自带力传感器采集。顶点水平位移通过在加载梁端部截面中心布置拉线式位移计采集,墙体不同高度位移通过在墙体中轴线相应位置布置顶针式位移计采集。竖向钢筋应变通过粘贴钢筋应变片采集,试件 SW1 在地梁顶面以下 20 mm 处布置应变片,试件 PW 在地梁顶面以下 20 mm 处以及墙底后浇段交接面以上 20 mm 处布置应变片。为了监测地梁的位移,在地梁两端、顶面及两侧对角布置顶针式位移计。试件主要测点布置见图 5-13。

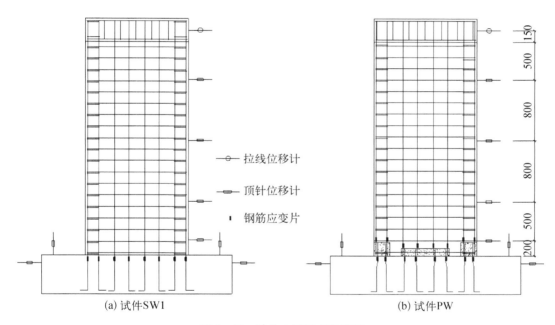

拉线位移计
顶针位移计
钢筋应变片

(a) 试件 SW1　　　　　　　　　　　　(b) 试件 PW

图 5-13　试件主要测点布置图

5.3.2　试验现象和破坏形态

1. 试验现象

(1) 试件 SW1:当水平加载至 160 kN 时,墙端距地梁顶面约 170 mm 处出现第一条水平细微裂缝,定义该荷载为开裂荷载。继续加载,水平裂缝延长,墙体底部 1/3 墙高范围内相继出现新的水平裂缝。加载至 ±200 kN 时,墙底与地梁连接面出现细小裂缝;已有水平裂缝开始斜向下发展。加载至 −240 kN 时,墙底与地梁裂缝连成通缝,部分斜裂缝延伸超过墙体中部形成交叉斜裂缝。加载至 −260 kN 时,暗柱竖向钢筋相继屈服,此时最大裂缝宽度为 0.37 mm,顶点水平位移为 14.56 mm,下一级改为位移控制加载,按位移量 15 mm 控制加载。

顶点水平位移达 30 mm 时,墙体与地梁连接面裂缝明显增大,受拉侧墙角抬起约 3 mm,受压侧墙角压酥、劈裂。水平位移±45 mm 时,两端暗柱混凝土被压碎剥落。顶点水平位移±80 mm 时,暗柱混凝土被压溃,钢筋屈曲外鼓,试件出现明显破坏,为试验安全,停止加载。试件 SW1 破坏形态见图 5-14(a)。

(2) 试件 PW1:当水平力达-180 kN 时,暗柱后浇段交接面往上 20～30 mm 范围内,出现一条长约 300 mm 的水平裂缝,定义该级荷载为开裂荷载。继续加载,墙体从下往上 200～1 200 mm 高度范围内相继出现多条水平裂缝,墙侧出现多条贯通水平裂缝。水平加载至±220 kN 时,原有水平裂缝开始斜向下发展。加载至-240 kN 时,墙体与地梁连接面出现 1 条细微裂缝;距地梁顶面 400～800 mm 范围内,有两条斜裂缝延伸超过墙体中部,形成交叉斜裂缝。加载至 280 kN 时,墙体与地梁裂缝贯通。加载至±300 kN 时,暗柱竖向钢筋受拉屈服,最大裂缝宽度为 0.32 mm,顶点水平位移为 17.64 mm,下一级开始以位移控制加载,为便于与试件 SW1 比较,取位移量 15 mm 控制加载。

顶点水平位移达 30 mm 时,墙体与地梁连接面裂缝明显增大,受拉侧墙角有轻微被抬起的趋势;墙侧 UHPC 与混凝土交接面上方水平贯通裂缝增大,裂缝最大宽度达 3.05 mm;UHPC 后浇段内未出现裂缝。继续加载,已有裂缝增大、延长,不再出现新的裂缝。顶点水平位移达±75 mm 时,左侧暗柱 UHPC 后浇段上方钢筋屈曲外鼓,混凝土被压碎剥落,试件承载力已下降到峰值荷载 85%,停止加载。试件 PW1 破坏形态见图 5-14(b),图中预制试件底部虚线为 UHPC 后浇段分界线。

(3) 试件 PW2:当水平加载至 200 kN 时,墙体从下往上 1 200 mm 范围内相继出现多条水平裂缝,裂缝侧面贯通,并往正面延伸 150～200 mm。加载至 280 kN 时,在墙体 800～1 000 mm 高度范围内两条已有水平裂缝斜向下发展,长约 560 mm。加载至±340 kN 时,竖向钢筋屈服,裂缝最大宽度为 0.36 mm;此时水平位移为 13.81 mm,取位移量 14 mm,以位移来控制加载。

顶点水平位移达 28 mm 时,受拉侧暗柱底部 UHPC 出现两条长约 50 mm 的竖向裂缝、两条约 70 mm 长的斜裂缝。水平位移达±42 mm 时,两端暗柱 UHPC 与混凝土交接面上方混凝土被轻微压酥并剥落,暗柱端部受拉侧抬起 5～6 mm;左侧暗柱底部 1 条已有斜裂缝增大延长,形成贯通暗柱主斜裂缝,并向侧面发展。水平位移增加至±56 mm 时,正向加载时试件承载力已下降至峰值荷载 85%,但负向加载时试件承载力仍然增大。顶点水平位移达-80 mm 时,试件负向承载力已降至峰值荷载的 85%,停止加载。试件 PW2 破坏形态见图 5-14(c)。

(4) 试件 PW3:当水平加载至 240 kN 时,暗柱 UHPC 与混凝土交接面出现 1 条水平裂缝。加载至-260 kN,暗柱 UHPC 与混凝土交接面上方 20～30 mm 处出现第 2 条水平裂缝,同时,暗柱侧面 UHPC 与地梁连接处出现 1 条贯通细微裂缝,并向墙后延伸约 100 mm。加载至±360 kN 时,已有水平裂缝开始斜向下发展。加载至-400 kN 时,竖向钢筋开始屈服，最大裂缝宽度 0.34 mm；600 mm 高度范围内，1 条斜裂缝跨过墙体中部；UHPC 与地梁连接面裂缝未贯通；此时，顶点水平位移为－15.43 mm，取位移量 15 mm 以位移控制加载。

顶点水平位移至±45 mm 时，UHPC 与地梁连接面裂缝明显增大；两端暗柱 UHPC 出现多条不规则裂缝，暗柱 UHPC 与混凝土连接面最大裂缝宽度达 1.72 mm，连接面上方混凝土被压酥；至此，墙体裂缝已出齐，继续加载不再出现新裂缝。水平位移达±75 mm 时，试件承载力已下降至峰值荷载的 85%，停止加载。试件 PW3 破坏形态见图 5 - 14(d)。

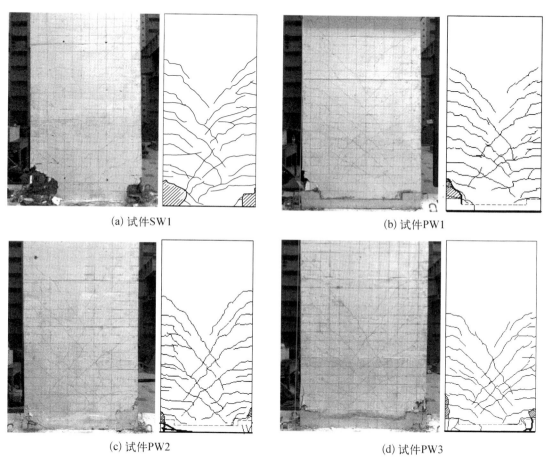

(a) 试件SW1　　　　　　　　　　　　(b) 试件PW1

(c) 试件PW2　　　　　　　　　　　　(d) 试件PW3

图 5 - 14　试件破坏形态图

2. 破坏形态

基于图 5 - 14 对 4 个试件的裂缝分布及破坏形态进行分析，结论如下：

（1）整体上各试件裂缝形态均为弯剪型，且分布状态比较接近；各试件均以钢筋受拉屈服、混凝土被压碎而最终破坏，为典型的压弯破坏。

（2）轴压比相同时，相对于试件 SW1，试件 PW1 破坏区未发生在墙角，而是出现在暗柱后浇段上方，UHPC 后浇段未出现明显损伤。

（3）随着轴压比增大，试件PW2、试件PW3裂缝分布高度依次降低，且裂缝水平段长度相应减小、斜裂缝倾斜度增大。

5.3.3　试验结果分析

1. 滞回曲线

各试件滞回曲线见图5-15。试件PW1与试件SW1滞回曲线形状相近，均呈弓形，滞回环较饱满，具有较好的耗能能力。开裂前滞回环包围面积很小，曲线基本为直线，试件无残余变形，处于弹性状态；屈服后，试件SW1、试件PW1滞回环比较平稳，试件具有较好的变形能力，由于混凝土塑性损伤的积累，试件刚度退化，滞回曲线中心出现轻微的捏缩现象。试件PW2、试件PW3滞回曲线形状相似，均呈反S形；相对于试件PW1，随轴压比增大，试件PW2、试件PW3滞回环包围面积减小，捏缩现象更加明显，试件耗能能力降低。

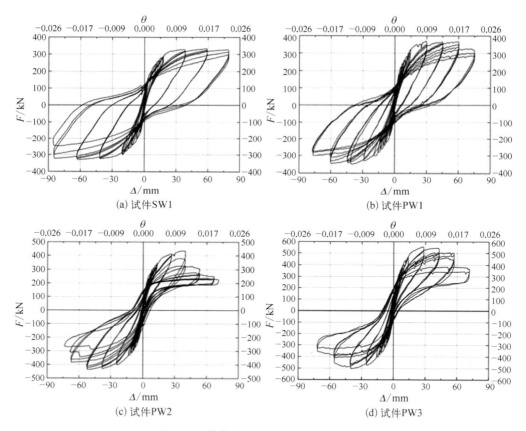

图5-15　试件水平荷载F-水平位移Δ(位移角θ)滞回曲线图

2. 骨架曲线

各试件骨架曲线见图5-16。骨架曲线特征点见表5-8，其中，以试件出现第1条裂缝为开裂状态，屈服状态由能量等值法确定[31]，以骨架曲线最大荷载为峰值状态，以试件承载力下降至峰值荷载 85% 为极限状态。相对于试件 SW1,试件 PW1 开裂荷载、屈服荷载和峰值荷载分别提高 12.36%、4.34% 和 7.56%。峰值荷载后,试件 PW1 与试件 SW1 骨架曲线较为平缓,承载力下降较缓慢,试件具有较好的延性和变形能力。

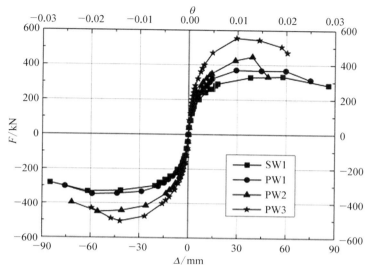

图 5-16　各试件骨架曲线图

轴压比越大,骨架曲线在弹性阶段的斜率越大,表明剪力墙的初始刚度相应增大。相对于试件 PW1,试件 PW2、试件 PW3 开裂荷载分别提高 17.04%、38.81%,屈服荷载分别提高 27.74%、50.28%,峰值荷载分别提高 25.29%、48.4%,说明随着轴压比增大,试件抗裂能力和承载力显著提高。轴压比增大时,试件屈服点位移变化不大,但峰值点位移和极限位移相应减小;过峰值点后曲线下降段较陡,说明轴压比越大,剪力墙延性和变形能力越差,强度退化越快。

3. 位移延性

各试件开裂位移 Δ_{cr}、名义屈服位移 Δ_y、峰值位移 Δ_p、极限位移 Δ_u 及对应的位移角 θ 见表 5-8,其中,位移延性系数 $\mu_\Delta = \Delta_u / \Delta_y$。由表 5-8 知,试件 PW1 与试件 SW1 在各状态下的顶点水平位移均相差不大,其位移延性系数接近,两试件的变形能力与延性相近,试件 PW1 可视为等同于现浇试件 SW1。

表 5-8　各试件骨架曲线特征点

试件编号		开裂荷载 F_{cr}/kN	开裂位移 Δ_{cr}/mm	开裂位移角 θ_{cr}	屈服荷载 F_y/kN	屈服位移 Δ_y/mm	屈服位移角 θ_y	峰值荷载 F_p/kN	峰值位移 Δ_p/mm	峰值位移角 θ_p	极限荷载 F_u/kN	极限位移 Δ_u/mm	极限位移角 θ_u	延性系数 μ_Δ
SW1	正向	160.59	3.38	1/870	258.24	12.69	1/232	333.16	57.89	1/51	283.09	86.11	1/34	6.78
	负向	160.49	3.39	1/870	250.42	12.46	1/237	330.01	61.71	1/48	280.51	84.97	1/35	6.82
	平均	160.54	3.39	1/870	254.33	12.58	1/234	331.59	59.80	1/49	281.80	85.54	1/36	6.80

试件编号		开裂荷载 F_{cr}/kN	开裂位移 Δ_{cr}/mm	开裂位移角 θ_{cr}	屈服荷载 F_y/kN	屈服位移 Δ_y/mm	屈服位移角 θ_y	峰值荷载 F_p/kN	峰值位移 Δ_p/mm	峰值位移角 θ_p	极限荷载 F_u/kN	极限位移 Δ_u/mm	极限位移角 θ_u	延性系数 μ_Δ
PW1	正向	180.48	3.72	1/793	271.27	11.25	1/262	367.58	59.8	1/49	313.19	75.01	1/39	6.67
	负向	180.29	4.32	1/683	259.48	12.15	1/242	345.75	58.95	1/50	300.65	75.86	1/39	6.24
	平均	180.39	4.02	1/734	265.38	11.70	1/252	356.67	59.38	1/50	313.89	75.44	1/39	6.45
PW2	正向	201.20	3.51	1/840	339.02	12.75	1/231	444.71	38.14	1/77	332.04	48.73	1/61	3.82
	负向	221.06	4.13	1/714	338.97	13.21	1/223	449.03	55.57	1/53	394.82	71.64	1/41	5.42
	平均	211.13	3.97	1/743	339.00	12.98	1/227	446.87	46.86	1/63	363.43	60.19	1/49	4.62
PW3	正向	240.49	3.09	1/955	424.43	10.83	1/272	554.92	29.34	1/101	471.7	60.67	1/49	5.60
	负向	260.3	5.03	1/586	373.19	12.82	1/230	503.68	41.83	1/71	428.12	59.29	1/50	4.62
	平均	250.4	4.06	1/727	398.81	11.83	1/249	529.30	35.59	1/83	449.91	59.98	1/49	5.07

随着轴压比增大,试件 PW2、试件 PW3 位移延性系数 μ_Δ 相对于试件 PW1 分别降低 31.47%、21.40%,试件变形能力降低。

4. 刚度退化

各试件刚度退化曲线见图 5-17,可采用环线刚度表征[35],可由式(5-2)计算:

$$K_i = \sum_{j=1}^{n} F_{ij,\max} \Big/ \sum_{j=1}^{n} \Delta_{ij} \qquad (5-2)$$

式中　K_i——第 i 级加载环线刚度;

　　　$F_{ij,\max}$——第 i 级加载、第 j 次循环最大荷载;

　　　Δ_{ij}——$F_{ij,\max}$ 对应的位移。

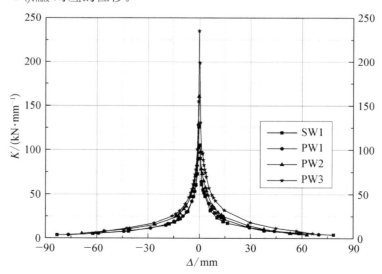

图 5-17　各试件刚度退化曲线图

由图 5-17 可知,各试件刚度退化曲线走势基本相同:加载初期刚度退化均较快,屈服后刚度退化速度较缓慢;随着位移增大与裂缝发展,各试件环线刚度趋向同一水平。试件 PW1 刚度退化曲线与试件 SW1 基本重合,试件 PW1 环线刚度略大于试件 SW1。

随着轴压比增大,相同位移下试件环线刚度相应增大,主要原因是轴压比的增大抑制了裂缝的发展和变形的增大,说明轴压比的增大可提高剪力墙的抗侧移能力。

5. 强度退化

强度退化可用强度退化系数 λ 表征[35],λ 表达式见式(5-3):

$$\lambda_j = F_i^j / F_i^{j-1} \tag{5-3}$$

式中　λ_j——第 j 次循环强度退化系数;

　　　F_i^j——第 i 级加载、第 j 次循环的峰值荷载。

各试件顶点水平位移 Δ-λ 关系曲线见图 5-18。

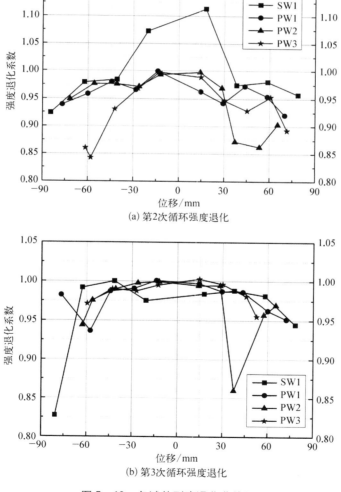

(a) 第2次循环强度退化

(b) 第3次循环强度退化

图 5-18　各试件刚度退化曲线图

（1）总体上各试件第 3 次循环强度退化系数大于第 2 次循环，说明随着加载循环次数增加，试件强度退化减缓。

（2）同一试件，随着位移幅值的增加，其强度退化系数缓慢减小，说明随着位移增加，试件强度退化速度较稳定。

（3）SW1 试件 1 倍屈服位移幅值时，强度退化系数大于 1，这是由于第 2 次循环顶点位移大于第 1 次循环，导致荷载增大。除此之外，其强度退化系数曲线走势与 PW1 相差不大，说明预制试件钢筋黏结锚固性能较好，可基本实现等同于现浇。

（4）PW2、PW3 强度退化系数曲线趋势和水平总体上与 PW1 相差不大，说明增大轴压比，钢筋与 UHPC 仍能实现可靠黏结和有效传力。

6. 耗能能力

试件的耗能能力可采用等效黏滞阻尼系数 h_e 衡量[35]，等效黏滞阻尼系数计算方式见图 5 - 19，其表达式见式（5 - 4）：

$$h_e = \frac{1}{2\pi} \frac{S_{\widehat{DAB}} + S_{\widehat{BCD}}}{S_{\triangle OAN} + S_{\triangle OCM}} \tag{5-4}$$

式中　h_e——等效黏滞阻尼系数；

　　$S_{\widehat{DAB}} + S_{\widehat{BCD}}$——滞回环所包围面积；

　　$S_{\triangle OAN}$，$S_{\triangle OCM}$——$\triangle OAN$、$\triangle OAM$ 的面积。

试件等效黏滞阻尼系数曲线见图 5 - 20，由图 5 - 20 可知：

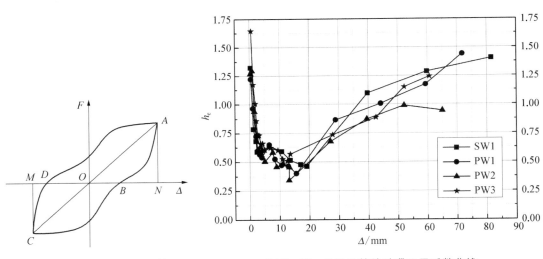

图 5 - 19　等效黏滞阻尼系数
计算示意图

图 5 - 20　各试件等效黏滞阻尼系数曲线

（1）各试件等效黏滞阻尼系数曲线趋势大致相同：试件屈服前等效黏滞阻尼系数随着荷载增加而减小，屈服后等效黏滞阻尼系数随着位移幅值的增加而增大。主要原因可能是：屈服前，随着荷载增加试件承载力急剧增长，但是位移较小，滞回环较窄，钢筋性能未充分发挥;屈服后,试件承载力增长比较缓慢,但位移增长较快,滞回环较饱满,钢筋性能得到充分发挥,试件耗能较好。

（2）屈服前,试件 PW1 等效黏滞阻尼系数曲线与试件 SW1 基本重合;屈服后,两试件等效黏滞阻尼系数曲线走势相近,说明预制试件具有与现浇试件相近的耗能能力。

（3）随着轴压比增大,相同位移下试件 PW2、试件 PW3 等效黏滞阻尼系数总体上略小于试件 PW1,但是相差不大,说明增大轴压比试件耗能能力降低,但仍具有较好的耗能能力。

7. 试验结论

针对剪力墙结构的力学性能和抗震能力研究表明,基于 UHPC 连接的新型预制装配式混凝土剪力墙结构体系的承载能力现浇结构,位移延性、刚度、耗能能力等同于现浇剪力墙。新型装配式剪力墙结构体系在地震作用下的承载能力良好、塑型发展充分,$10d$ 的搭接长度展现出了良好的锚固性能,整体抗震水平与现浇剪力墙结构一致。总体而言,基于 UHPC 的新型预制装配式混凝土结构体系实现了“预制等同现浇”的设计目标。具体结论如下:

（1）整体上各试件裂缝形态均为弯剪型,且分布形态比较接近;各试件均以钢筋受拉屈服、混凝土被压碎而最终破坏,为典型的压弯破坏。

（2）轴压比相同时,相对于现浇试件,预制试件抗裂能力、承载力和刚度有所提高,延性和耗能能力相近。

（3）随着轴压比增大,试件抗裂能力、承载力和刚度显著提高,延性和耗能能力有所降低,但位移延性系数均远大于 3,且位移角远大于《建筑抗震设计规范》(GB 50011—2010)中规定的弹塑性层间位移角限值 1/120,仍具有较好的延性与变形能力。

（4）各试件刚度退化、强度退化规律基本相同;钢筋直锚短搭接后浇 UHPC 的预制混凝土剪力墙结构锚固性能良好,能够有效传力,可达到等同于全现浇的要求。

（5）加强底部抗剪承载力,比如底部设置粗糙度、抗剪键槽或者加设抗剪钢筋。

5.4　钢板桁架双面叠合剪力墙结构体系研究

装配式结构在地下构筑物施工中存在几点问题:

（1）预制构件重量过大,导致在地下空间的运输及堆放难度大、吊装施工困难。

（2）地下结构的防渗漏要求高,装配式结构接缝处理难度大。

（3）面临着高支模带来的施工安全风险。因此,在竹园地下污水处理厂四期工程中,上海建工二建集团采用双面叠合剪力墙代替实心预制墙,倒 T 形叠合板代替实心预制板,配合超高性能混凝土后浇连接,创新性研发了新型钢板桁架双面叠合剪力墙结构体系（SPDW 体系）,如图 5-21 和图 5-22 所示。双面叠合墙结构体系在保证结构性能的基础上将预制装配式构件轻量化,所有预制构件重量均控制在 8 t 以下,降低施工难度,充分发挥了装配优势。

图 5‑21　钢板桁架双面叠合剪力墙　　　　图 5‑22　倒 T 形叠合板

后浇段采用超高性能混凝土(UHPC)可缩短预留钢筋的搭接长度,搭接长度可以从现有的预留钢筋直径 35 倍左右缩短至预留钢筋直径的 10 倍,大大缩短了后浇带的宽度。钢筋采用间接搭接,简化了钢筋连接方式,降低了施工难度。同时 UHPC 材料施工性能好,仅需常温常压养护,提高了构件后浇段连接质量。本书将基于 UHPC 连接的装配式剪力墙结构体系(SPDW 体系)应用于竹园地下污水处理厂四期工程,并在项目现场进一步研究足尺试验和施工工法,如图 5‑23 所示。

图 5‑23　竹园地下污水处理厂新型钢板桁架双面叠合剪力墙施工现场

5.4.1　SPDW 体系受力性能的足尺堆载试验

为了检验 SPDW 预制构件的变形和受力性能,验证 SPDW 体系的科学性和工程可行性,首先在竹园地下污水处理厂四期项目现场进行了 1∶1 模型载荷试验,如图 5‑24 所示。试验过程中观测构件变形及混凝土裂缝,发现试验过程中未出现挠度超限、裂缝宽度超限和受压区混凝土的开裂和破碎现象,结果表明构件刚度满足要求、结构承载力满足设计要求。荷载-挠度实测曲线整体趋势接近直线,试验构件基本处于弹性工作状态,表明结构安全储备充足,工作性能良好。

图 5‑24 新型预制装配式混凝土剪力墙结构体系项目现场堆载试验

结果显示:双面叠合剪力墙和倒 T 形叠合板未出现混凝土受压破坏,叠合板跨中挠度和裂缝均未超限,试验区板底裂缝如图 5‑25 所示。

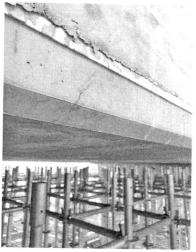

图 5‑25 试验区板底裂缝

如图 5‑26 和图 5‑27 所示,使用钻芯取样法及相控阵超声法对 UHPC 连接节点进行检测,检测结果表明后浇段 UHPC 与钢筋结合紧密,与预制构件连接界面未出现裂缝,表明 SPDW 体系的整体承载能力能够充分满足设计要求。

图 5‑26　钻芯取样检测　　　　　　图 5‑27　相控阵超声法检测

5.4.2　双面叠合墙抗弯性能试验研究

为了验证双面叠合墙抗弯性能，开展现场试验研究。现场制作 1∶1 模型，包括 1 片现浇墙 XJQ 和 3 片双面叠合墙 PCQ，其中 PCQ02 和 PCQ03 在底部浇筑 1 m 高混凝土至 UHPC 连接段底面，而 PCQ01 不采取加固措施。采用千斤顶进行分级缓慢加载，加载点设置在墙高 3.3 m 处，模拟墙体在侧面承受水土压力的工况。在加载墙设置 4 个侧向变形观测点。每片试验墙宽度上均匀布置两根斜向传力杆，来等效模拟试验墙在墙宽方向承受均布荷载的情况，如图 5‑28 所示，主要测试双面叠合剪力墙和现浇墙的抗弯承载力、侧向变形、裂缝发展规律以及 UHPC 连接段的受力性能。

图 5‑28　双面叠合剪力墙抗弯性能试验布置

以 XJQ 和 PCQ01 试件进行分析,XJQ 试件在斜向线荷载达到 12.4 t/m 时在墙体底部 0.2 m 高处表面首先出现细小裂缝,随后裂缝不断发展,变形不断增大,在临近破坏时,千斤顶吨位多次出现突然下降,墙体挠度急剧增大,裂缝宽度最终大于 4.2 mm,此时受压区混凝土被压碎,判断墙体达到破坏,破坏形态为弯曲破坏,如图 5 - 29 所示。PCQ01 试件在斜向线荷载达到 12 t/m 时在墙体底部 0.2 m 高处表面首先出现细小裂缝,破坏时裂缝宽度在 1.8 mm 左右,受压区混凝土被压碎,破坏形态为弯曲破坏,如图 5 - 30 所示。取各个构件 Q01—Q03 测点的挠度平均值,汇总绘制出挠度荷载曲线见图 5 - 31,各构件的破坏荷载、裂缝发展和破坏模式见表 5 - 9。

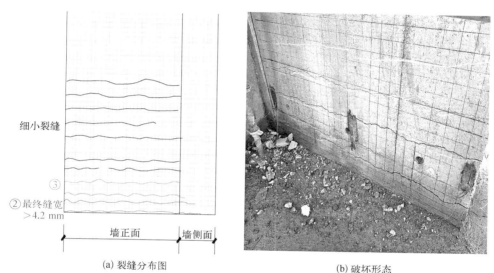

(a) 裂缝分布图　　　　　　　(b) 破坏形态

图 5 - 29　XJQ 构件失效模式

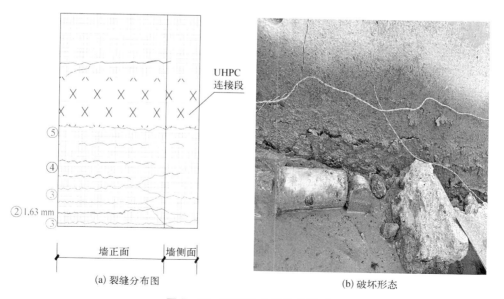

(a) 裂缝分布图　　　　　　　(b) 破坏形态

图 5 - 30　PCQ01 构件失效模式

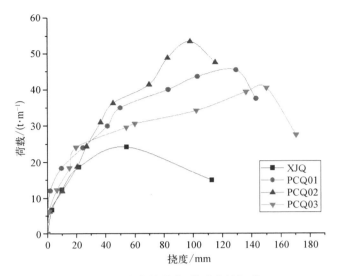

图 5-31　各构件荷载-挠度曲线汇总图

表 5-9　各构件失效信息汇总表

试　件	开裂荷载 /(t·m⁻¹)	破坏荷载 /(t·m⁻¹)	主裂缝位置	最大裂缝 宽度/mm	最大挠度 /mm	破坏形式
XJQ	12.4	24.2	墙高 0.2 m 处	4.2	125	受弯破坏
PCQ01	12.1	45	墙高 0.2 m 处	1.8	140	受弯破坏
PCQ02	18.8	53.4	UHPC 连接段上方 0.25 m 处	3.6	120	受弯破坏
PCQ03	18.4	40.4	UHPC 连接段上方 0.2 m 处	3.94	180	受弯破坏

根据上述研究,可以得到如下结论:

(1) 每组构件均为受弯破坏,没有出现剪切破坏及墙体严重受扭的情况。

(2) 钢板桁架双面叠合剪力墙构件的最大承载力要大于同尺寸现浇墙构件,对于无加固措施的 XJQ 构件及 PCQ01 构件,主裂缝主要分布在距离墙底部 0.2 m 高处。对于有加固措施的 PCQ02 构件、PCQ03 构件,主裂缝主要分布在 UHPC 连接段上方 0.2 m 处左右,UHPC 连接段表面裂缝较少,且裂缝宽度很小,证明 UHPC 接头段受力性能良好。

试验结果表明:钢板桁架双面叠合剪力墙的抗弯承载力、侧向变形及裂缝发展规律等同现浇墙结构性能。

5.5　SPDW 体系工程应用——竹园地下污水处理厂四期工程

5.5.1　工程概况

竹园地下污水处理厂四期工程是上海市水务行业"十四五"规划的重大工程项目,也是"苏州河环境综合整治四期工程"的重要组成部分,项目的实施是提升中心城区污水处理能力、提高水环境保障的重要举措,将有效改善长江口近岸水环境质量、巩固中心城区黑臭河道治理效果,对推动长江大保护、实现上海市"水十条"的奋斗目标具有重要意义。

竹园地下污水处理厂四期工程位于浦东新区华东路以东、外高桥船厂西侧(图 5-32),建设内容为新建规模 120 万 m³/d 的污水处理厂、平均规模 120 t 干基/日的污泥脱水干化厂以及总长约 5 km 进出水总管等,总投资约 100 亿元。工程投运后,竹园地下污水处理厂总处理规模将达到 340 万 m³/d,将使得上海市的污水末端处置能力得到进一步提升。

图 5-32　竹园地下污水处理厂工程效果图

工程包括新建 70 万 m³ AAO 生物反应池、平流式二沉池、雨水泵房、污水泵房、碳源投加间及本标段范围内管道及箱涵等构筑物和生物反应池、雨水泵房、污水泵房、碳源投加间等上部建筑,见图 5-33。工程 AAO 生物反应池缺氧池区域(施工分区划分为 A1—A8 区)采用装配整体式结构,其余分区及构筑物均采用现浇框架结构。单座 AAO 生物反应池预制装配施工区域如图 5-34 所示。

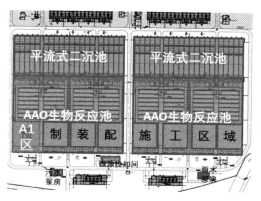

图 5-33　预制装配施工区域平面布置图

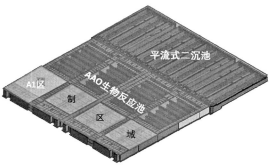

图 5-34　单座 AAO 生物反应池预制装配施工区域

工程预制装配式区域均呈对称布置,结构形式完全相同,单个预制装配式区域长 47.7 m,宽 51 m,面积约 2 400 m²,如图 5-35 所示。单座 AAO 生物反应池共计 4 个区域,共 8 个区域,总面积 1.92 万 m²。工程生物反应池区域(A1 区)层高为 10.1 m。预制装配式区域主要预制构件为直线段导流墙、预制梁、预制板及预制观察窗,采用预制双面叠合墙+预制倒 T 形叠合板的结构形式。

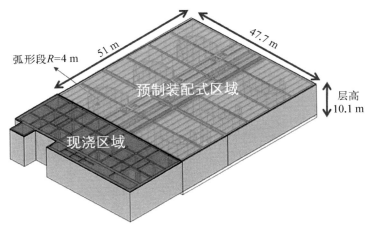

图 5-35　单块 A1 区域三维示意图

5.5.2　预制构件概况

1. 预制墙设计和制作

除局部弧形段导流墙及部分分仓墙采用现浇做法外,其余预制墙体均采用钢板桁架预制双面叠合墙结构形式。预制双面叠合墙预制高度为 8.4 m,单面厚度为 100 mm,空腔间距为 300 mm,墙体总厚度为 500 mm。幅宽均为 1 580 mm,构件最大重量不超过 8 t,双面叠合墙板底部 3 m 位置桁架钢筋加强。典型构件如图 5-36 所示。

钢板桁架双面叠合剪力墙的预制工厂制作过程如图 5-37 所示。

2. 预制梁设计

工程预制梁采用预制混凝土梁。预制梁尺寸为 800 mm×700 mm×8 550 mm、800 mm×700 mm×4 000 mm、400 mm×700 mm×8 000 mm,预制梁平均重量 6.057 t,如图 5-38 所示。

3. 预制板设计

工程中预制板采用普通预制混凝土板及预制倒 T 形叠合板共两种形式。预制倒 T 形叠合板如图 5-39 所示,预制板厚度为 100 mm,暗梁高度为 400 mm,上部整体现浇层;平面尺寸为 2 350 mm×8 100 mm×400 mm、2 350 mm×8 200 mm×400 mm、2 000 mm×8 000 mm×400 mm、2 000 mm×8 200 mm×400 mm、2 000 mm×8 100 mm×400 mm;普通预制混凝土叠合板厚度均为 300 mm,平面尺寸为 3 000 mm×2 000 mm、2 000 mm×2 000 mm、6 000 mm×2 000 mm、650 mm×2 000 mm。

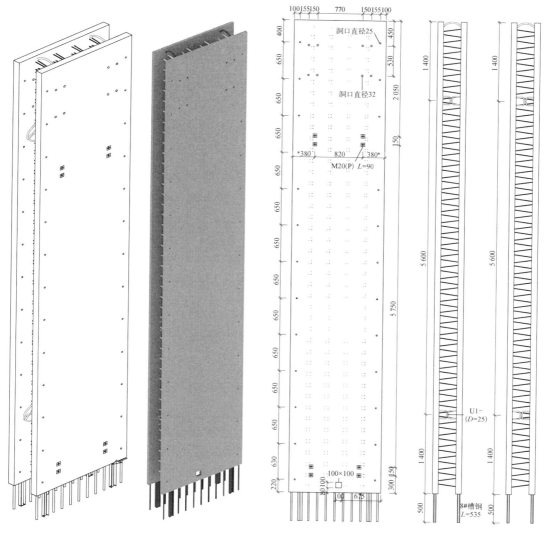

图 5-36　预制墙 YQ-1 构件示意图

(a) 钢筋绑扎

(b) 第一层混凝土浇筑

(c) 第一层混凝土养护后脱模

(d) 模板组装后铺设混凝土 　　(e) 构件起吊 　　(f) 构件翻转定位

(g) 构件下沉至第二层混凝土中 　　(h) 定位检测 　　(i) 标高定位装置

(j) 蒸汽养护完成后脱模 　　(k) 成品装车运输

图 5 - 37 预制工厂制作流程

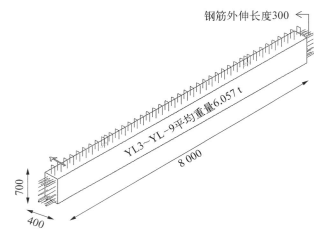

图 5 - 38 预制梁示意图

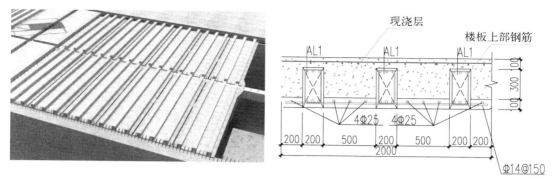

图 5‑39　典型预制倒 T 形叠合板结构示意图

4. 预制观察窗设计

工程预制观察窗的混凝土等级为 C35,尺寸为 4 900 mm×2 400 mm×480 mm,单个构件体积为 1.48 m³,重量为 4.004 t,如图 5‑40 所示。单区域观察窗数量为 3 个,工程总量为 24 个。在观察窗顶面布置四个吊环用于四点起吊。

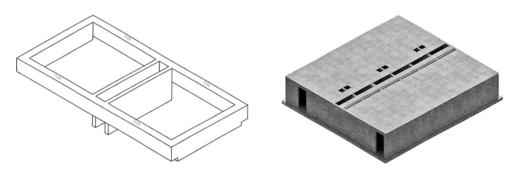

图 5‑40　预制观察窗平面示意图及三维示意图

5.5.3　预制装配式构件运输及堆放

1. 构件运输

预制双面叠合墙均采用侧立式运输,每车最大运输数量为 3 块,横向水平放置,底部及两侧设置槽钢支架限位且防止预制构件运输过程的碰撞,并用不少于两道缆绳固定,如图 5‑41 所示。运输时注意保护端部钢筋,防止钢筋弯曲影响后续施工。

预制板、预制梁构件可采用平躺式运输宜采取两点支点的方式,两点支点设置在距离板端 1/5~1/4 板长处,预制节点采用四点支点的方式。并用不少于两道缆绳固定,防止预制构件运输过程的碰撞。构件均通过运输架进行运输。为防止运输过程中构件的损坏,运输架应设置在枕木上,预制构件与架身、架身与运输车辆都要进行可靠的固定,如图 5‑42 所示。

图 5-41　PC 预制双面叠合墙运输

图 5-42　PC 预制板运输

2. 构件堆放

构件堆放场地平整,预制构件堆场地面有硬化措施,采用 200 mm 厚 C30 混凝土施工,底层配筋双向 HRB400 级 $\oplus$ 14 级钢筋。工程构件堆场设置在场地西北角,施工时配备一台 25 t 汽车吊配合卸放,横向预制构件堆放时其下侧应放置垫木,方便构件起吊、保护构件。构件吊装区域封闭有围栏封闭,并设置醒目的提示标语。预制墙堆放时采用侧立式放置,支架作为底部和两侧固定支撑,支架采用 8$^{\#}$ 槽钢及钢筋焊接制成,如图 5-43 所示。

图 5‐43　预制双面叠合墙支架

5.5.4　预制构件施工方案

预制构件的施工方案如图 5‐44 所示。

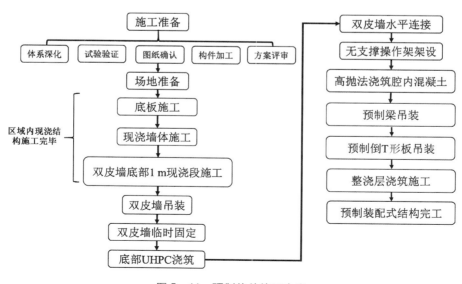

图 5‐44　预制构件施工方案

5.5.5　预制双面叠合墙吊装施工

预制双面叠合墙吊装流程如下：运输进场→构件卸车放置→更换吊扣至安装吊环，割除卸车吊环→安装端部钢筋保护套→翻转起吊→初步就位→斜撑安装→垂直度调整→斜撑固定→松钩→吊装下一幅预制双面叠合墙。

本工程预制构件重量较轻，可避免使用费用较高的门式起重机或者汽车起重机，垂直运输采用 6 台 QTZ500 系列塔吊组合，可满足预制重量构件的吊装需求（图 5 - 45）。

图 5 - 45　QTZ500 系列塔吊

1. 预制双面叠合墙翻转起吊

（1）如图 5 - 46 所示，预制构件侧立放置进场，卸车时采用侧向吊环水平放置于如图 5 - 43 所示的底面支架上。

（2）更换吊点为双面叠合剪力墙顶部吊点，并割除双面叠合剪力墙侧面卸车吊环，双面叠合剪力墙底部安装钢筋保护套架用于保护双面叠合剪力墙底部钢筋，避免翻转起吊时底部钢筋作为支点受力而损坏。

（3）准备翻转起吊，起吊双面叠合剪力墙时，两侧应有缆风绳控制偏摆，并始终带预张力辅助控制起吊方向，如图 5 - 47 所示。

图 5 - 46 　 预制双面叠合墙侧立放置进场

图 5 - 47 　 翻转起吊示意图

2. 预制双面叠合墙吊装就位

双面叠合剪力墙吊装至安装区域后进行安装。在双面叠合剪力墙吊装至现浇段上部后,双面叠合剪力墙底部预埋槽钢支架支撑于现浇段顶部作为支点,并采用垫块微调双面叠合剪力墙标高,如图 5 - 48(a)所示。双面叠合剪力墙初步放置后,采用靠尺及经纬仪控制其垂直度,垂直度控制标准为全高度偏差≤10 mm,如图 5 - 48(b)所示。

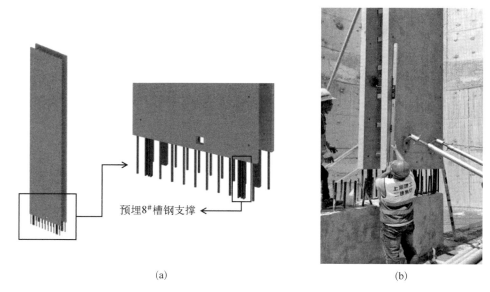

预埋8#槽钢支撑 ←

(a)　　　　　　　　　　　　(b)

图 5 - 48　双面叠合剪力墙吊放就位

采用双面斜撑进行双面叠合剪力墙临时固定,斜撑选用 Φ76×6 无缝钢管,底板浇筑时预埋斜撑埋件,如图 5 - 49 所示。首先安装下部四根斜撑,下部斜撑杆直接安装在底板与双面叠合剪力墙预埋件处,如图 5 - 50 所示。之后,安装上部四根斜撑,斜撑底部由人工扣至底板预埋件上,顶部安装时通过电动葫芦及顶部定滑轮吊送斜撑杆件端头,登高车配合作业人员将杆件上端固定双面叠合剪力墙上部钢板环上,如图 5 - 51 所示。

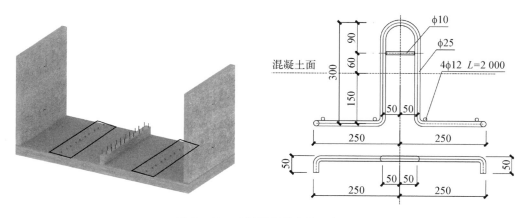

图 5 - 49　底板预埋件安装示意图

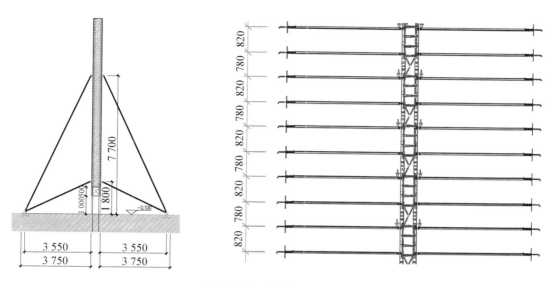

图 5‑50　斜撑安装尺寸图

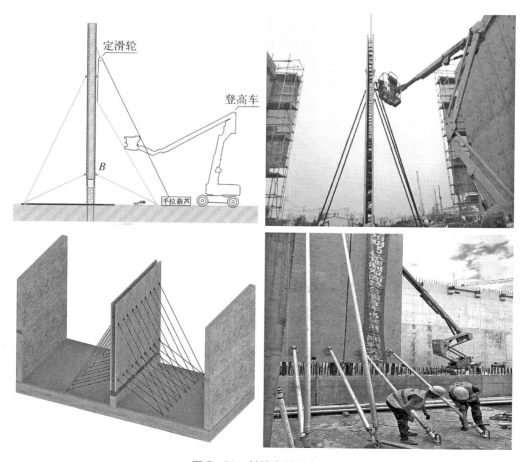

图 5‑51　斜撑安装示意图

3. 双面叠合墙吊装位置调整

（1）待墙板吊装就位后，根据预先放好的控制线，通过底部可调整斜拉杆旋入与旋出，首先确定好墙体在平面内外方向的位置。

（2）沿 1 000 mm 现浇段方向拉设 50 mm 控制线，通过槽钢底部设置钢垫片，先控制在现浇段墙体上弹出标高控制线，使构件底标高控制在同一高度，同时对板顶标高进行检查调整至双面叠合剪力墙板标高确定。双面叠合剪力墙标高允许偏差值为 ±5 mm，用水准仪或拉线、尺量的方式进行测量。

（3）标高确定后，对安装后的墙板进行平整度调整，架设水平仪扫视，通过底部及顶部斜撑调整双面叠合剪力墙的预埋件与底板预埋件位置。使用 2 cm 靠尺及塞尺对平整度偏差进行量测，墙板顶端平整度偏差 ≤5 mm。

（4）定位正确后，固定底部斜撑，并对双面叠合剪力墙标高及平整度进行复核，符合偏差要求后，进行双面叠合剪力墙垂直度调整。

（5）如图 5-52 所示，在墙体的上、下口基本调整完毕后，利用斜撑杆进行垂直度的微调，具体操作顺序如下：斜撑顶部挂扣在双面叠合剪力墙预先装好的钢板环上，斜撑底部连接在底板预埋件上已预埋好钢筋环。在平面位置调节完毕后利用靠尺进行墙体垂直度的检查。如发现垂直度误差超出允许范围（10 mm），对上部斜撑进行微调（同时测量垂直度直到墙体垂直）。若因双面叠合剪力墙自身制作误差而导致垂直度误差过大，则可适当调节下口位置，以保证双面叠合剪力墙垂直度。

图 5-52　双面叠合剪力墙垂直度调整和检测

（6）垂直度调整完成后，固定上部斜撑（图 5-53），并再次对双面叠合剪力墙的垂直度、平整度和标高进行复核，复核无误后进入下一道工序。

（7）安装位置完成后，在确认斜拉螺杆紧固后，方可松开吊钩。松开吊钩后复测构件标高、垂直度、平整度等数据（如有偏差，重新使用斜撑杆进行微调）。待数据确认符合安装要求后，方可重复上述步骤进行下一块双面叠合剪力墙吊装。

（8）在双面叠合剪力墙的安装过程中，在允许偏差内必须严格控制每块双面叠合剪力墙的安装位置，以确保相邻预制构件平整度、高低差，确保拼缝尺寸的偏差尽可能小，并在施工过程中多次校核与调整（图 5-54）。

图 5 - 53　斜撑安装完成

图 5 - 54　双面叠合墙安装

4. 双面叠合墙底部 UHPC 混凝土浇筑

UHPC 节点的浇筑形象施工进度见图 5-55,底部浇筑 1 000 mm 高的现浇墙体,钢筋外伸与上部的预制双面叠合剪力墙外伸出的钢筋搭接,搭接段采用 UHPC 浇筑。

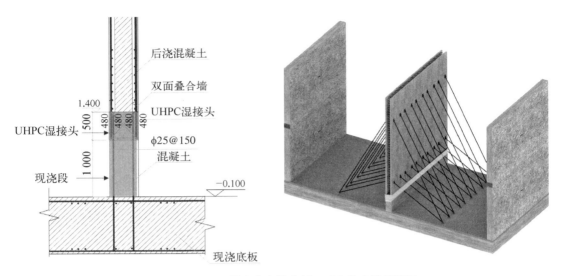

图 5-55　双面叠合剪力墙底部 UHPC 节点浇筑概况

双面叠合墙底部 UHPC 混凝土浇筑的施工顺序为:基层清理→安装模板→搅拌 UHPC→泵送、浇筑 UHPC→拆模板→养护,具体如下:

(1) 灌注口安装。如图 5-56 所示,在双面叠合剪力墙上预留 100 mm×100 mm 的方孔,安装定型化簸箕口,后期将泵送管接入簸箕口,利用泵送机将 UHPC 材料灌入空腔之内。

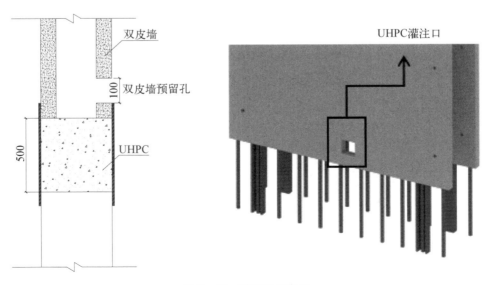

图 5-56　灌注口示意图

（2）UHPC 搅拌及泵送设备由塔吊吊放区域中央,从端头依次浇筑预制双面叠合墙底部的 UHPC 湿接头。采用泵送的形式将 UHPC 输送至空腔内部,UHPC 浇筑采用硬管,浇筑端头采用软管对接,为保证浇筑速度,管道直径采用 100 mm,现场的 UHPC 浇筑过程如图 5-57 所示。

图 5-57　UHPC 浆料制备与湿接头浇筑

（3）UHPC 所用原材料均为袋装,原材料采用吨袋,采用自动化搅拌机;钢纤维为小袋装,根据材料供应商提供的配合比现场称重投料搅拌;外加剂和水按照配合比依次投入搅拌机混合均匀。拌和前,应检查搅拌设备是否运行正常,搅拌机内壁应湿润且不得留有明水;应严格按照试验确定的施工配合比进行拌和。

（4）搅拌过程中不可擅自停机,搅拌程序:启动搅拌机→投入粉料边加水边搅拌(物料达到流化状态)(搅拌 7 min)→投入钢纤维、继续搅拌(搅拌 4 min)→出料(1~3 min)。

（5）搅拌完成后做坍落扩展度试验,坍落扩展度≥700 mm,试验合格,卸料灌注。

（6）每盘从投料搅拌到卸料合计为 12~15 min。钢纤维需要均匀投放,边投放边搅拌,以材料达到均匀流动状态为准,待混凝土整体搅拌均匀后方可出料。

（7）在浇灌 UHPC 过程中,为保证 UHPC 湿接头与现浇混凝土结合面质量,浇筑过程中 UHPC 超灌 20 mm。

（8）UHPC 常温养护 24 h 后拆除模板，之后采用薄膜覆盖和洒水养护，养护温度不应小于 10℃，养护时间一般为 7 d，如图 5-58 所示。

图 5-58　UHPC 节点浇筑完成

5. 双面叠合剪力墙内腔混凝土浇筑

（1）双面叠合剪力墙水平连接节点施工。双面叠合剪力墙安装完毕，底部 UHPC 湿接头浇筑完毕后，预制墙体与预制墙体之间、预制墙体与现浇墙体之间均需放置竖向钢筋笼作为水平连接，如图 5-59 所示。钢筋笼主筋为 6 Φ 18，箍筋为 Φ 18@150。钢筋笼长

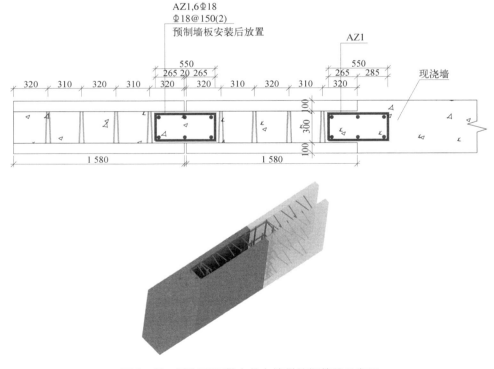

图 5-59　预制双面叠合剪力墙拼缝钢筋笼示意图

度一般为 8.4 m,局部涉及预制梁槽口部分,为避免钢筋碰撞,钢筋笼顶面高度与预制梁槽口低标高持平。

（2）双面叠合剪力墙内腔混凝土浇筑前,需做好 20 mm 水平拼缝及端部封膜的工作,双面叠合剪力墙采用登高车或垂直登高梯辅助人工进行封膜。封模前清理空腔,保证腔内无杂物垃圾。

（3）20 mm 水平拼缝处模板选用木模板,模板安装前先于双面叠合剪力墙拼缝处贴置高强布基胶带,随后利用双面叠合剪力墙两侧竖向预留孔洞对穿螺栓设置,如图 5 - 60 所示。预留孔洞直径 30 mm,间距 650 mm。

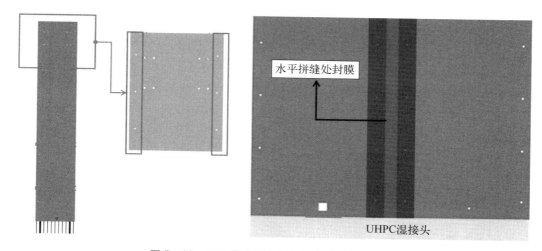

图 5 - 60　双面叠合剪力墙两侧螺栓孔洞示意图

（4）双面叠合剪力墙端部位置采用木模或定制化铝膜（图 5 - 61）,制作为槽口形式,利用预留孔洞对拉固定。

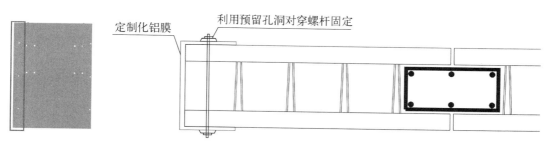

图 5 - 61　双面叠合剪力墙端部封膜示意图

6. 双面叠合剪力墙顶部操作架搭设

双面叠合剪力墙顶部操作架选用马鞍式无支撑操作架,架体采用 Φ48 mm、壁厚 3.5 mm 圆钢管焊接制成,由工厂加工后定型化成品运至现场,待双面叠合剪力墙就位固定、底部 UHPC 节点养护达到强度后,利用塔吊及登高车人工辅助操作架安装于双面叠合剪力墙顶部,如图 5 - 62 所示。

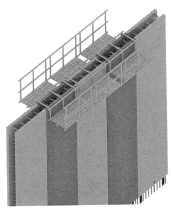

图 5-62　双面叠合剪力墙顶部无支撑操作架安装示意图

7. 腔内混凝土浇筑

顶部操作架固定完毕后,进行双面叠合剪力墙腔内混凝土浇筑,如图 5-63 所示。因双面叠合剪力墙腔内的混凝土墙体高度较大,故采用高抛法进行浇筑,材料选用标号为 C35 自密实混凝土,施工流程如下:

(1) 浇筑前再次检查封膜质量及斜撑紧固程度,防止浇筑时出现爆膜或者因斜撑未严格固定导致双面叠合剪力墙顶部偏移的情况出现。

(2) 先浇筑一层 100～200 mm 厚与混凝土强度等级相同的水泥砂浆,以防止自由下落的混凝土粗骨料产生弹跳。

(3) 泵管出料口需伸入双面叠合剪力墙内,利用混凝土下落产生的动能促使混凝土自密实。同时过程中多点往返浇筑,高频振捣棒伸入振捣。浇筑完成后,应清除掉上面的浮浆,待混凝土初凝后灌水养护,用塑料布将墙口封住,并防止异物掉入。

图 5-63　腔内混凝土浇筑完成

（4）当混凝土浇筑完毕后，应喷涂混凝土养护液，用塑料布将上口封住，待墙内混凝土强度达到要求后，采用与混凝土强度相同的水泥砂浆抹平。

5.5.6　预制梁吊装施工

以预制梁 YL-1 为例，在预制双面叠合墙安装完毕后，在墙侧预埋钢板并与腔内桁架筋连接固定。预制双面叠合墙腔内混凝土浇筑完毕后焊接钢牛腿，作为 YL-1 架设点，如图 5-64 所示。YL-1 的搁置点一侧为现浇墙的现浇牛腿，一侧为双面叠合剪力墙侧面预埋钢板后期焊接的钢牛腿，如图 5-65、图 5-66 所示。

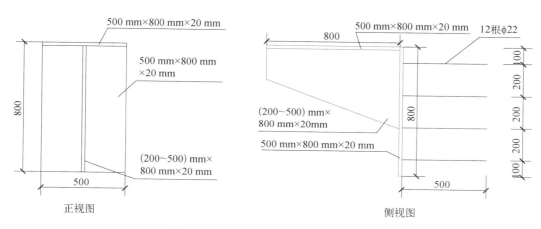

图 5-64　预制梁 YL-1 架设牛腿大样图

图 5-65　预制双面叠合墙侧面牛腿

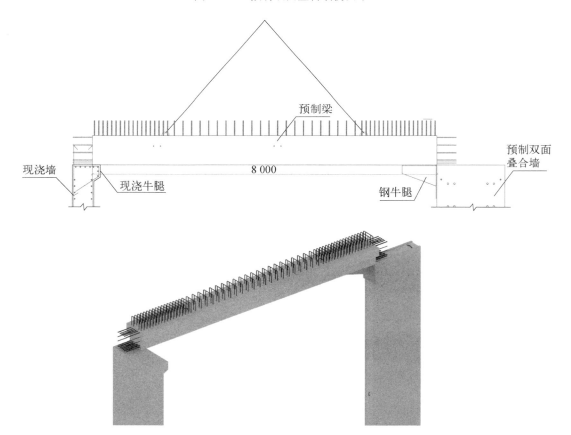

图 5-66　预制梁 YL-1 架设示意图

　　预制梁、预制顶板与现浇墙或梁连接，以及预制梁与预制墙或现浇墙连接时，湿接头范围的底部可根据需要铺设 1 cm 左右的坐浆层。坐浆施工完成后吊装预制梁，工艺流程如下：测量放线→构件进场检查→挂钩、检查构件水平→吊运→就位、安装→调整→取钩。预制梁的现场吊装施工如图 5 - 67 所示。

图 5-67 预制梁的现场吊装施工图

5.5.7 预制板吊装施工

预制板安装的施工流程主要包括：安装准备→弹出控制线并复核→叠合板起吊就位→叠合板校正→顶部附加钢筋绑扎→钢筋隐蔽检查、验收→侧模封闭→整浇层混凝土浇筑。如图 5-68 所示，预制倒 T 形叠合板搁置于现浇墙体的现浇牛腿及双面叠合剪力墙墙顶位置，普通预制混凝土板搁置于梁上后装的钢牛腿上。

叠合板吊装、就位的主要工序如下所述：

（1）预制叠合板就位前，需对墙顶进行坐浆施工，施工要求及工序同梁底坐浆，如图 5-69 所示。

（2）如图 5-70 所示，叠合板起吊时，要求吊装时四个吊点均匀受力，起吊缓慢，保证叠合板平稳起吊。

（3）叠合板吊装过程中，在作业层上空 300 mm 处略作停顿，根据叠合板位置调整叠合板方向进行定位，如图 5-71 所示。吊装过程中注意避免非倒 T 形叠合板上的预留钢筋与预制梁顶的竖向钢筋碰撞，叠合板停稳慢放，避免板面受损。

（4）叠合板就位校正时，采用楔形小木块嵌入调整，避免板边受损。

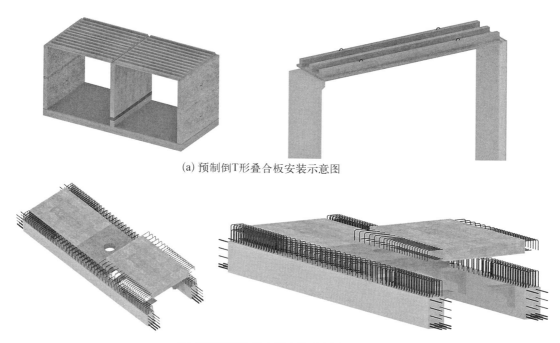

(a) 预制倒 T 形叠合板安装示意图

(b) 普通预制混凝土板安装示意图

图 5 - 68　预制板安装示意图

图 5 - 69　预制倒 T 形叠合板底部坐浆

图 5-70　预制倒 T 形叠合板起吊

图 5-71　预制倒 T 形叠合板就位

5.5.8　预制观察窗安装施工

如图 5-72 所示,观察窗搁置于双面叠合剪力墙顶部,采用螺栓锚头与下部墙体连接。预制观察窗吊放就位前,对搁置墙顶拉毛及坐浆。节点连接处水平钢筋选用 8 根 $\Phi 28$,竖直方向采用两根 $\Phi 25$ 的钢筋锚头连接,间距 150 mm。待整浇层钢筋及节点附加筋绑扎完毕后,随整浇层一起浇筑腔内混凝土,并做好养护工作。

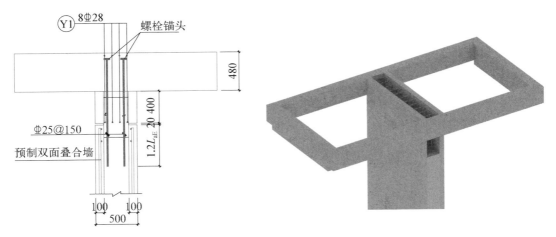

图 5-72 双面叠合墙与预制观察窗连接节点示意图

5.5.9 整浇层施工

在叠合板与观察窗吊装完成后,待钢筋隐蔽工程检查合格、叠合面清理干净后绑扎板顶附加钢筋,预制板与后浇混凝土叠合层之间的结合面设置成粗糙面,如图 5-73 所示。

图 5-73 预制倒 T 形叠合板上部附加钢筋绑扎

待整浇层钢筋及节点处附加钢筋绑扎完成后,采用 C35 混凝土从中间向两边一次性连续浇筑。同时使用平板振动器振捣,确保混凝土振捣密实,如图 5 - 74 所示。

图 5 - 74　预制倒 T 形叠合板整浇层施工

5.6　结语

针对地下空间预制装配式结构,从构件重量轻量化、节点形式简单化、施工便捷化的角度考虑,创新研发并采用了钢板桁架预制双面叠合剪力墙、倒 T 形板、UHPC 节点连接的新型装配式结构 SPDW 体系。体系可缩短预留钢筋的搭接长度,搭接长度由现有的预留钢筋直径的 35 倍缩短至预留钢筋直径的 10 倍,不但大幅降低了预制构件悬空的高度,而且显著减少了 UHPC 后浇段的体积和浇筑量。双面叠合墙之间接缝插放钢筋笼,采用高强胶带封堵拼缝,内腔浇筑混凝土后完成一整面墙连接。整幅墙连接完成后顶部安装倒 T 形叠合板,与双面叠合墙之间设置坐浆层,倒 T 形叠合板绑扎顶部附加钢筋并浇筑整浇层完成整体结构体系,最终形成具有较大跨度及高度的混凝土装配式结构,如图 5 - 75、图 5 - 76 所示。

采用 SPDW 体系后,单个预制构件重量最大可减轻 70%,预制构件重量可控制在 8 t

以内,现场便于采用塔吊进行驳运及吊装,降低了施工难度,节省吊装费用,体现装配施工优势及经济优势。使用 UHPC 后浇连接,可缩短预留钢筋搭接长度,预留钢筋能够直锚于后浇段中,施工更加方便、质量便于控制。UHPC 材料流动性强,后浇段可实现免振捣自密实。使用登高车配合无支撑操作架,避免了高支模、高排架等重大危险源,具有周转次数多、减少材料浪费、降低施工成本等优点。

　　基于 UHPC 连接的新型装配式剪力墙结构体系确保了大型地下空间项目施工的安全、高效、绿色和经济建造,提升了大型地下空间的工业化建造水平。

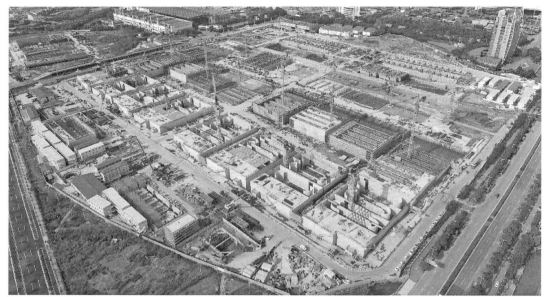

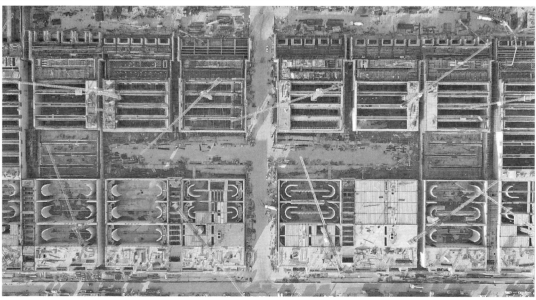

图 5‒75　竹园地下污水处理厂项目鸟瞰图

图 5‒76　竹园地下污水处理厂效果图

第6章 新型建筑工业化智能设备及平台

6.1 引言

相较于施工体系完善、工艺成熟的现浇混凝土建筑,我国装配式混凝土建筑在建设过程中与之配套的施工装备仍有待改进和创新,制约着装配式建筑的质量和安全。近年来,国家也围绕智能建造连续推出一系列政策措施,鼓励数字化建造及人工智能在建筑行业的应用,如《上海市装配式建筑"十四五"规划》提出要推进装配式建筑与绿色建筑、智能建造的深度融合,开展信息化技术在装配式建筑全过程管控中的应用试点。装配式建筑向智能化建造方向发展,促进中国建筑智能转型升级,已是行业必然趋势。

要大力发展装配式建筑,有必要针对装配式施工过程中的重点和难点研发装配式建筑智能施工设备以及相关工艺[32],以智能化赋能装配式建筑施工,解决困扰装配式建筑发展的"卡脖子"难题,从而提高装配式建筑的机械化、数字化和智能化水平,降低装配式建筑的建造成本,提高装配式建筑的施工效率和施工质量,促进装配式建筑行业的技术革新和高质量发展,提升建筑产业链整体效能,助力建筑产业工业化升级。

结合智能传感器、物联网和建筑机器人等新兴技术,上海建工二建集团研发了钢筋套筒智能灌浆机、高精度测垂传感尺、隐蔽工程内窥镜和外墙智能淋水机器人等新型建筑工业化建造装备,显著提升了工程的经济效益和社会效益,具有较好的推广和应用价值。本章介绍了基于BIM与物联网的装配式项目信息化管理平台,可实现装配式建筑施工全过程的信息化综合管理,使项目管理高效、可控、可追溯,有效保障了项目安全、质量、成本、工期,实现了装配式建筑的精细化管理目标。并介绍了上海建工二建集团打造的装配式混凝土结构施工实训基地,为装配式专业化人才培养提供有力支持。

6.2 建筑钢筋套筒智能灌浆机

6.2.1 研发背景

钢筋套筒灌浆连接作为装配式混凝土建筑预制构件钢筋连接的常用施工技术,因受施工精细化、作业技能水平等因素制约，始终受到钢筋套筒灌浆密实度低、灌浆质量难以检测等问题的困扰，"堵管""爆仓"等一直是套筒灌浆施工现场的常见现象。一方面，传统钢筋套筒灌浆机无法智能判别灌浆压力和灌浆量，难以规避"堵管""爆仓"等问题，增加了施工难度和返工成本，如图 6-1—图 6-4 所示；另一方面，传统钢筋套筒灌浆机在灌浆过程中灌浆料与泵体一直保持接触状态，导致泵体损耗高、故障率高，清理、保养繁琐。

图 6-1　传统灌浆机

图 6-2　管道堵塞或断裂

图 6-3　爆仓

图 6-4　爆仓后封堵

为了消除人工灌浆的质量风险和灌浆作业中的不确定性，结合钢筋套筒灌浆工艺、过程控制技术与现代通信技术、智能化技术，围绕自适应控制算法研究、工作装置研发、施工管理平台研发 3 个方面，在国内率先研发了装配式混凝土结构钢筋套筒智能灌浆机及智能灌浆管理云平台，形成了装配式建筑钢筋套筒灌浆质量全过程管控体系，可全面提升预制装配式建筑的施工技术与装备水平，有效助力装配式建筑工业化发展。

6.2.2 钢筋套筒智能灌浆机研发与升级

上海建工二建集团根据装配式项目的实际需求,引入先进的技术工艺和智能算法,开展了钢筋套筒智能灌浆机的研发,并在实际使用过程中不断迭代更新和升级换代,不断提高套筒灌浆的施工效率和质量。目前已形成了第四代设备,如图 6-5 所示。

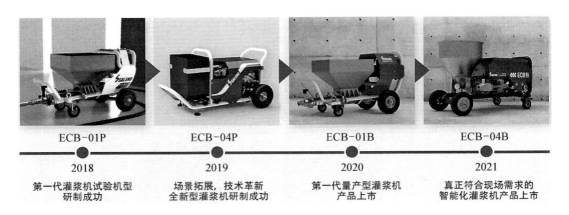

图 6-5 智能灌浆机迭代更新过程

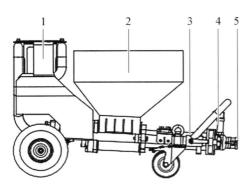

1—控制箱(Control Box);2—料斗(Hopper);3—偏心螺杆泵(Eccentric Screw Pump);4—压力变送器(Pressure Transmitter);5—注浆管接口(Grouting Pipe Interface)。

图 6-6 智能灌浆机组成

1. 初代设备(ECB-01P,ECB-04P)

第一代智能套筒灌浆设备包括核心控制系统、料斗、偏心螺杆泵、压力变送器、流量计、注浆管等关键硬件部件,并内置有灌浆过程自适应控制算法、Wi-Fi 热点和配套手机 App,如图 6-6 所示。通过压力、流量等感应器和灌浆自适应控制算法的配合,智能判断灌浆状态并做出灌浆调整,保证灌浆质量控制。通过网络数据传输和手机 App 客户端,可实时监测灌浆过程并保存灌浆数据,直观展示灌浆质量。

(1)自适应算法控制。灌浆过程中可能出现的"堵浆""爆浆"等现象主要是由于输出流量、压力的控制问题,即灌浆环节中的堵料引起系统内部压力上升,但对应输出流量并未缓解,导致压力进一步上升,最终压力超过结构耐受极限引发"爆浆"现象。因而,智能灌浆机在灌浆过程中引入了"自适应算法",使其具有压力检测和流量控制功能,为结合压力检测完成流量控制创造了技术条件。"自适应算法"主要需要实现两个目的:对于输出压力的阈值控制和对于判定堵塞的情况采用脉冲方式给料,具体控制方式见表 6-1 和图 6-7。

表 6-1　自适应算法控制方式

压 力 状 态	对应流速控制方式
$P \leqslant P_1$	按照额定流速输出浆料，$Q = Q_0$
$P_1 < P < P_2$	脉冲方式实施浆料输出，$Q = \pm Q_1$
$P \geqslant P_2$	停止输出浆料，$Q = 0$

注：P_1 为堵塞状态判定压力，即：当压力达到 P_1 时腔体被灌浆堵塞；P_2 为阈值压力，即当压力达到 P_2 时系统（含腔体被灌浆）压力已达耐压极限。

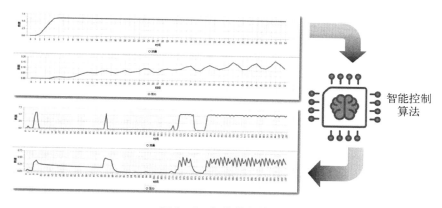

图 6-7　智能控制算法

（2）装置工作原理及参数。本装置执行机构是一套由给料器和泵组成的给料泵送系统，如图 6-8 所示。

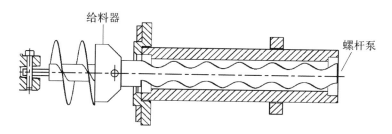

图 6-8　智能灌浆机给料泵送系统

装置主要工作原理是通过主电机驱动给料器，并带动泵旋转。当主电机正转时，螺旋给料器向泵方向推动混凝土浆料运动；同时，在转动作用下泵通过自身定子和转子之间形成的密闭腔室，逐渐前移至输出口，以此完成整个泵送过程。在整个系统处于反转的情况下，给料器向原理泵方向推动混凝土浆料运动；在转动作用下泵的密闭腔室逐渐后移，以此完成吸料过程。因此，可以得到主电机的转动速度可以直接影响设备的浆料输出流速，其关系可以简化为如下关系式：

$$Q = q \cdot w \tag{6-1}$$

式中　Q——输出流量;

　　q——体积转速比,即每转动一个角度对应的排料体积(螺杆泵性能参数);

　　w——给料泵送系统转动速度。

设备需要进行灌注的浆料由料斗供应,螺旋送料器将灌浆材料送入偏心螺杆泵进料口,泵的抽吸作用进一步将浆料送入泵体。该偏心螺杆泵的转速确定了注浆过程中所需的注浆压力及出料速度,如图6-9所示。

图6-9　偏心螺旋泵　　　　　　　　　　图6-10　橡胶软管

智能灌浆机另配有一根高压总成橡胶软管(图6-10),由多层钢丝缠绕并带有快速接头,理论上其最大压力可达到20 MPa,远超混凝土灌浆作业时可能遇到的最大压力,可确保施工的顺利进行。注浆软管采用快速接头,可以轻松地拆卸和安装,超长软管灵活无死角。配备的橡胶管长达3 m,能胜任各种位置角度的注浆作业,人性化设计使用便捷。注浆开关设置在前端给料口,方便施工人员随开随停。

料斗呈上大下小的倒锥形设计,料斗底部设有偏心螺杆泵。灌浆浆料倒入料斗后,启动智能套筒灌浆机,偏心螺杆泵开始转动,起到搅拌和输送浆料的作用;偏心螺杆泵输送灌浆浆料,浆料经过压力变送器后进入注浆管,进行套筒灌浆,如图6-11所示。智能灌浆机主要参数如表6-2所示,其最大灌浆压力可达到1.5 MPa。

图6-11　首代钢筋套筒智能灌浆机ECB-01P

(3)数据传输、参数设置、平台分析与管理。在现场进行钢筋套筒灌浆作业的过程中,采用设备自带的硬件设备和算法,获得与灌浆工艺质量、施工结果有关联的参数,如灌

表 6‑2　钢筋套筒智能灌浆机主要参数表

最 大 流 量	15 L/min
最大工作压力	1.5.0 MPa
尺寸 $L \times W \times H$	1 200 mm×530 mm×650 mm
装料容量	50 L
设备重量	75 kg
喷枪重量	2.2 kg
最大噪声	65 dB

浆流量、灌浆体积、灌浆压力等进行获取、计算和自动化的记录。同时，智能灌浆机内置 Wi-Fi 热点，数据和曲线通过手机 App 方便获取。根据需要智能灌浆机也可支持远程数据控制，通过内嵌 4G 或 Wi-Fi 无线网络模块，可随时观测现场施工情况。通过无线传输的方式与用户的移动端设备进行连接，从而实现数据的实时读取，如图 6‑12 所示。

在作业过程中，用户通过对于实时数据的读取，就可以第一时间判断现场的实际灌浆情况。可以有意识地避免灌浆过程中可能发生的质量问题，同时通过这些数据也可以掌握肉眼不可见的灌浆套筒内部走料情况。

由于用户对于灌浆作业的流程需求还未能完全统一，因此在设计中开放参数设置功能，如图 6‑13 所示，用户可以设置硬件的基本参数，如额定转速、额定压力、停机压力等，对灌浆作业的参数进行控制。

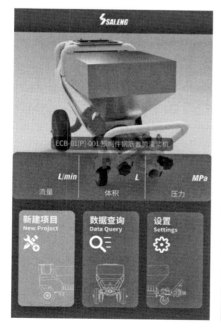

图 6‑12　实时数据展示界面

图 6‑13　参数设置界面

　　为了进一步增加参数应用次数,方便用户对于过程参数的总结和分析,本装置还设置了数据查询功能,如图 6-14 所示。用户可以数据查询界面对于历史数据进行查询,通过该界面用户可以获取灌浆过程所对应的数据曲线。基于数据的变化可进一步获取数据变化趋势,便于进一步分析。

数据实时显示

一键绘制曲线

查询历史记录

手机远程控制

图 6-14　显示平台

　　借助专用的移动客户端,可以在手机或平板电脑上实时监测灌浆过程中的流量、压力、体积等数据。同时在灌浆过程完成后,一键获取全过程的参数曲线,更加直观地了解灌浆过程中的压力变化,并根据数据图像及时调整设备参数,确保施工的顺利进行。

　　(4)异常情况自动报警预警系统。当系统硬件或输入信号发生异常,具有故障自动报警和终止当前错误工作功能。通过设定报警阈值(如压力最大或者最小值),当实际检测值超出预设范围时给出声音和文字报警信息,并记录发生的时间和量值。仪器工作可根据指令而进行过程暂停,暂停取消后,恢复暂停时刻的全部工作状态,记录暂停起止时间和暂停类型,暂停期间记录仪的各项操作均处于锁定状态,如图 6-15、图 6-16 所示。

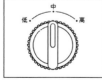

根据选择开关位置的选择,确定运行过程中相应压力阈值。阈值分为"低""中""高",可通过应用程序设置具体参数

图 6-15　阈值设置

图 6-16　现场照片

当设备电源状态选择开关,处于灌浆或清洗位置时,操作员可以通过前端控制器"启动""暂停""排料""停止"按钮对智能灌浆机进行控制,如图 6‑17、图 6‑18 所示。

"清洗"位置 = 灌浆机进入清洗状态,电源接通,电机反转。该选择位置代表接通电源,反向运转吸入清洗材料

图 6‑17 阈值设置

"灌浆"位置 = 灌浆机进入灌浆状态,电源接通,电机正转。该选择位置代表接通电源,正向运转,输出灌浆材料

图 6‑18 现场照片

(5)装置主要特点。智能套筒灌浆装置能够自动监测灌浆状态、智能调节灌浆压力、实时显示灌浆数据,从而有效保证套筒灌浆的现场施工质量,主要具有以下特点。

① 自动监测:智能套筒灌浆设备设有压力感应器、流量计等监测设备,自动监测灌浆过程中灌浆料的流量、流速和压力情况。

② 智能控制:设备内置灌浆过程自适应控制算法,通过压力感应器、流量计等监测设备所获数据,智能化判断灌浆状态:若发生堵管,可自动控制压力变送器对管道进行疏通;若判断灌浆完成且饱满,则提示灌浆完成。

③ 质量可视化:灌浆设备自带 Wi‑Fi 热点,方便手机网络连接。配套手机 App 可接收智能套筒灌浆装置发送的实时灌浆数据和分析结果,直接判断灌浆施工质量。

④ 小巧轻便:灌浆设备小巧轻便,设有拉手和滚轮,可适应施工现场崎岖的地面、楼面和有限的作业空间。

⑤ 施工简便:施工人员操作简单,无需自行判断灌浆质量,免去了传统灌浆施工的繁琐过程。

总之,智能灌浆机的研发能够保证灌浆工艺过程控制和灌浆作业的可靠性、稳定性,提高施工精度,有效确保灌浆工程质量,同时大大降低水泥材料损耗率,减少废水、废浆排放量,节省人力和物力。

2. 第二代设备(ECB‑01B)

在第一代智能灌浆机的基础上,为满足灌浆施工工艺要求而设计形成了第二代钢筋套筒智能灌浆机 ECB‑01B,可实现对灌浆过程进行自动化控制,并对灌浆过程的重要参数自动记录,所记录的数据和曲线完全可以实现对施工过程的工程质量的监控和追溯。

钢筋套筒智能灌浆机 ECB‑01B 的主要升级如下:

(1)机电设计升级。升级后便于拆卸、调整、更换,设备更加方便耐用。

(2)工作泵体升级,强劲输出压力,轻松实现抽排料、灌浆清洗两不误。

(3)采用工业级软管,采用标准胶管,使挤压泵工作更稳定,采购、更换更加方便。

(4)平台升级优化:操作面板更加简洁清晰,日常使用更便捷,如图 6‑19 所示。

在连接设备后便可在移动端实时监测灌浆过程中流量、压力、体积等数据,同时可在灌浆过程中查看实时参数曲线。可以设置灌浆材料的参数信息,并对灌浆历史数据进行管理和调取操作,及时了解仪器的工作状态并调整设备参数,确保施工顺利进行。

图6-19　系统平台优化

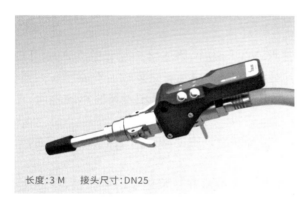

长度:3 M　接头尺寸:DN25

图6-20　前端控制器

为增强智能灌浆机的适用性,满足现场工况需求,设计了全新的注浆枪和可更换的枪头,能轻松应对现场的各种工况需求,通过枪头的快速连接轻松完成拆装更换(图6-20)。通过无线控制器可全程操作和掌控,实时调节流量和压力,大大提升使用体验。

为了更加明确智能灌浆机 ECB-01B[图6-21(c)]的技术优势,与图6-21(a)中的美国 U-395 智能高压注浆机和图6-21(b)中的传统高压灌浆机进行了不同参数方面的对比,如表6-3所示。

(a) 美国U-395智能高压注浆机

(b) 传统高压灌浆机

(c) 智能灌浆机2.0

图6-21　国内外灌浆机

表 6-3　国内外智能灌浆机对比

灌浆机类型 对比指标	美国 U-395 智能 高压注浆机	传统高压灌浆机	智能灌浆机 ECB-01B
最大流量	7.5 L/min	6 L/min	15 L/min
流速	可控不可自动调节	不可控	自动化控制
注浆压力	0~1.2 MPa 人工调节	0.8 MPa 固定	0~1.5 MPa 自动调节
装料容量	20 L	50 L	50 L
输送距离	1.5 m	3 m	3 m
设备重量	26 kg	70 kg	55 kg
灌浆速度（平均每 10 个 标准套筒）	4~5 min	5~6 min	1.5 min
清洗软管清洗	可拆卸清洗	清洗困难	快速接头，轻松拆卸清洗
前端控制	否	否	无线控制器，一手掌握
清除堵塞	增大压力，突破封堵	不可	推抽交替，突破封堵
数字化平台监测	无	无	移动端实时监测（压力、流量）
灌浆质量保证率	85%	75%	96%

由表 6-3 可知，智能灌浆机 ECB-01B 相比国外智能高压灌浆机和传统高压灌浆机相比[33]，可根据现场灌浆情况自动调节注浆压力，可实现更远距离灌浆料输送，灌浆流速更快，灌浆速度相比使用传统灌浆机整体提升 1 倍以上。此外，智能灌浆机应用自适应算法控制，可实现推抽交替，有效避免灌浆料的堵塞问题。配合前端无线控制器，灌浆工可控制灌浆流速，配合数字化平台监测可大大节约人力物力，灌浆质量保证率高，达到 95% 以上。

3. 第三代设备 ECB-04B

第一代的 ECB-01P 和后期的 ECB-01B 均为螺杆泵灌浆机，而螺杆泵泵送能力不稳定，而且灌浆料接触泵体易造成灌浆料污染动力源。针对上述问题在智能灌浆机 ECB-04B 中创新性研发了高性能、小型化、排放性能优异的挤压泵，泵体结构升级，使用更加稳定，泵送能力更强，能更加稳定地将灌浆料送出高压管，不仅适用于房屋建筑也适用于桥梁工程的灌浆。此外，将泵体和动力源物理隔离，也解决了灌浆料污染动力源的问题。同时增加了智能压力调控算法，可根据施工时管内实时压力智能调速。

第四代智能灌浆机 ECB-04B 的主要参数如表 6-4 所示，采用第四代智能灌浆机 ECB-04B 某项目进行了现场试验（图 6-22），可实现更加优质高效的灌浆作业。

表 6-4　钢筋套筒智能灌浆机 ECB-04B 主要参数表

主要性能参数	参　数　值
最大流量	20 L/min
最大工作压力	2.0 MPa

主要性能参数	参　数　值
最大颗粒度	K4 mm
尺寸 $L \times W \times H$	1 060 mm×610 mm×650 mm
输送能力	横向 30 m 纵向 20 m
装料容量	30 L
设备重量	105 kg
防护等级	IP 54
注浆管长度	3 m

图 6‐22　智能灌浆机 ECB‐04B 现场试验

6.2.3　智能灌浆机工程应用施工流程与工艺试验

1. 智能灌浆机施工流程

（1）智能套筒灌浆装备拉动到灌浆的指定位置,接上灌浆管。

（2）完成灌浆料拌制后,倒入智能套筒灌浆装备的料斗中。

（3）启动装备,将灌浆管的出口对准套筒灌浆入口,开始自动灌浆。

（4）若遇堵管,智能套筒灌浆装备将自动疏通,无需额外操作。

（5）提示灌浆完成后,关闭灌浆机,拔除灌浆管,封堵套筒的灌浆孔和出浆孔。

（6）查看手机 App 数据,确认灌浆饱满程度。

2. 钢筋套筒智能灌浆机 ECB‐01P 工艺试验

采用首代钢筋套筒智能灌浆机 ECB‐01P 在上海某预制装配式基地进行了现场试验,如图 6‐23 所示。

图 6-23　现场灌浆工艺试验

6.2.4　智能灌浆机 ECB-01B 工程应用及灌浆"五步法"

　　智能灌浆机 ECB-01B 已成功在徐汇乔高综合体开发项目、浦东南码头社区项目、松江南站大居经济适用房项目以及 DE03B-1 地块社区小学新建工程等项目中进行了应用,以徐汇乔高综合体开发项目为例对智能灌浆机的应用过程和效果进行介绍。

　　如图 6-24 所示,徐汇乔高综合体开发项目一期工程位于上海市徐汇区西部漕河泾板块,北至田林路,西至苍梧路,南至泉州二路,东至拟建田仪路。本项目 R1、R2、R3 为预制装配式混凝土结构体系,预制构件包括预制剪力墙、预制夹心保温外墙板、预制楼梯、预制叠合楼板、预制凸窗、全预制阳台板,整体预制率达 40%。

　　为深入贯彻落实沪建安质监〔2018〕47 号文《关于进一步加强本市装配整体式混凝土结构工程钢筋套筒灌浆连接施工质量管理的通知》、〔2017〕241 号文《关于进一步加强本市装配整体式混凝土结构工程质量管理的若干规定》等,加强施工现场灌浆作业(套筒、盲孔以及浆锚搭接等连接形式)的质量管理,二建集团研发并应用了钢筋套筒智能灌浆机ECB-01B,并基于"事前准备""事中管理""事后把控"三要素,建立包含准备阶段("人""材""机")、施工阶段、检测阶段、补灌阶段、第三方检测的灌浆质量闭环控制机制,形成了装配式建筑钢筋套筒灌浆质量管理"五步法",有效减少了装配式建筑套筒灌浆质量问题。

图 6-24　乔高综合体项目效果图

"五步法"主要包括灌浆前的准备阶段、灌浆施工阶段、自检阶段、补灌阶段和第三方检测阶段。

1. 准备阶段

准备阶段主要包括了套筒灌浆专业化工人培训管理、灌浆料性能控制和灌浆机使用规定。

（1）专业化工人培训管理：从事灌浆作业的工人应具备职业技能证书或上岗资格证书，还需要经过关于灌浆制度和灌浆设备的培训和考核，获取证书后方可进入专业灌浆队伍。

（2）灌浆料性能控制：由于灌浆料的材料性能直接影响到灌浆质量，灌浆料骨料的颗粒形态、粒径直接影响到灌浆设备的输送压力，表面尖锐、颗粒较大的骨料在输送管道中形成"互锁"，进而加大了灌浆料与管壁之间的摩擦，从而发生"堵管"现象。灌浆料中胶凝材料、外加剂的添加也会影响到灌浆料的强度、流动度与膨胀性能。因此，对于灌浆料的管控尤为重要。针对不同灌浆料的不同材料性质，通过提取、分析、研究不同品牌、批次的灌浆料性能，从中挑选出合适的灌浆料品牌，优化输送过程，使其能够保证较好的强度、流动性，确保灌浆质量。

（3）灌浆机使用规定：装配式建筑套筒灌浆机械必须使用含有压力、流量控制系统的钢筋套筒智能灌浆机，其使用过程中产生的数据（压力、流速、填充量）实时上传至公司管理平台用于灌浆质量的追踪。

2. 施工阶段

装配式建筑套筒灌浆施工严格依照〔2018〕47 号文的流程，由专业工人采用智能灌浆机进行灌浆操作，如图 6-25 所示。在此基础上还需在每个灌浆仓至少设置一个灌浆饱满度检测器，用于观察灌浆中以及灌浆后套筒内灌浆料液面高度是否回落，如有回落可马上采取补救措施，确保套筒内灌浆料始终饱满，如图 6-26 所示。

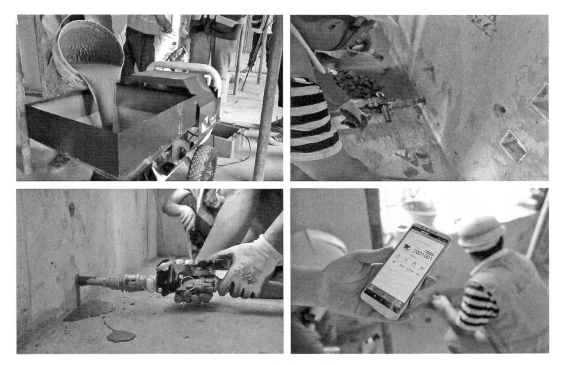

图 6‑25　智能灌浆机灌浆现场

图 6‑26　灌浆饱满度检测器

3. 自检阶段

每次灌浆结束后须在 5 天内对已施工完成的灌浆套筒采用内窥镜法(图 6‑27)进行全数的项目自检,对于自检不合格的灌浆套筒进行标记用作后续补灌处理。

4. 补灌阶段

区别于以往的手动补灌作业(图 6‑28),针对灌浆不饱满套筒采用自动补灌设备进行灌浆作业(图 6‑29),可大大减轻工人的劳动强度,提升了补灌的效率,还可以防止由于手动补灌中加压动作导致的插管动作扭曲,进而影响补浆管的插入深度与补灌效果。

图 6‑27　内窥镜自检

图 6‑28　手工补灌作业

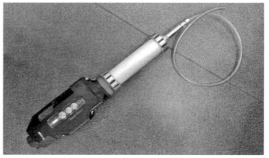

图 6‑29　自动补灌设备作业

5. 第三方检测阶段

为规避自检造成的检测不客观性、不公正性,监督项目对于灌浆质量控制制度的执行力度,实行项目第三方检测制度,第三方检测单位应具备特定检测资质,检测人员应佩戴记录仪全程记录。检测按每三层随机抽取 5 个预制竖向构件最远端的灌浆套筒进行检测,并对第三方检测的孔位作相应标记。

内窥镜检测结果如图 6‑30 所示,第三方检测报告如图 6‑31 所示。

根据第三方机构的套筒灌浆饱满性检测结果,采用智能套筒灌浆机的一次灌浆成功合格率达到了 95% 及以上,补灌后最终全部满足规范要求。

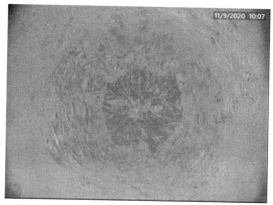

照片21-16：二十一层墙 7/B-E　3#套筒灌浆情况

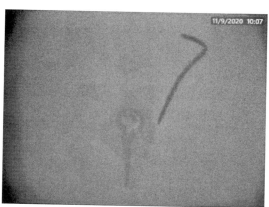

照片21-17：二十一层墙 3/E-G　7#套筒

照片21-1：二十一层墙 20/C-F　2#套筒

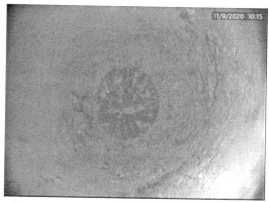

照片21-26：二十一层墙 K/19-20　4#套筒灌浆情况

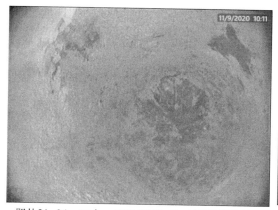

照片21-24：二十一层墙 23/D-F　2#套筒灌浆情况

照片21-26：二十一层墙 K/19-20　4#套筒灌浆情况

图 6-30　第三方检测饱满度照片(内窥镜)

徐汇乔高综合体开发项目——某地块-住宅
套筒灌浆饱满性检测速报

检测单位：×××有限公司　　　　楼栋号：R2　　　　楼层：21

构件类型/编号	构件位置	套筒/孔道编号	是否灌浆饱满	灌浆缺陷深度/mm	内窥镜照片编号
二十一层墙 PCNQ3R	20/C-F	2	是	—	21-1,21-2
二十一层墙 PCWQ6R	G/17-19	6	是	—	21-3,21-4
二十一层墙 PCWQ6R	G/17-19	10	是	—	21-5,21-6
二十一层墙 PCNQ4R	18/C-F	2	是	—	21-7,21-8
二十一层墙 PCNQ4L	12/C-F	3	是	—	21-9,21-10
二十一层墙 PCNQ3L	10/C-F	1	是	—	21-11,21-12
二十一层墙 PCNQ6L	G/11-13	9	是	—	21-13,21-14
二十一层墙 PCWQ10	7/B-E	3	是	—	21-15,21-16
二十一层墙 PCNQ7	3/E-G	7	是	—	21-17,21-18
二十一层墙 PCNQ7	3/E-G	1	是	—	21-19,21-20
二十一层墙 PCNQ2R	23/D-F	1	是	—	21-21,21-22
二十一层墙 PCNQ2R	23/D-F	2	是	—	21-23,21-24
二十一层墙 PCWQ6	K/19-20	4	是	—	21-25,21-26

检测：×××　　　　复核：×××　　　　检测日期：×××

图6-31　第三方检测报告

6.2.5　项目应用效果

与传统灌浆手法相比，智能灌浆机大大提高了灌浆精度，有效确保了灌浆工程的质量，降低了灌浆材料损耗率，有力保证了灌浆作业的可靠性和稳定性。基于开发的智能灌浆操作系统，灌浆施工员可通过手机 App 读取灌浆数据，无需依赖人工经验判断灌浆质量，更简单、更直接地完成灌浆施工，从而保证施工过程的快速和智能。

相比于传统的灌浆机，研发的智能灌浆机小巧轻便，可适应施工现场崎岖的地面、楼面和有限的作业空间，而且操作简单，适用于各类预制装配式结构施工，尤其是采用钢筋套筒、工期紧、对场容管理要求较高的预制装配式结构工程。此外，智能灌浆机的使用还可减少废水、废浆排放量，节省人工和物力。经测算，相比传统灌浆机，采用智能灌浆机可节约用料成本约30%，灌浆施工效率提升50%以上，综合造价节约52%。取得了良好的经济效益和社会效益，推广和应用价值巨大（表6-5）。

表 6-5　传统灌浆机和智能灌浆机的经济效益对比分析

对　比　项	经济效益对比分析(200 个/层)	
	传统灌浆	智能灌浆机
灌浆料(4 000 元/t)	12 000 元	9 000 元
人工费(300 元)	1 200	500
合格率	75%	95%
不合格	50 个	10 个
钻孔注射补灌技术(200 元/个)	10 000 元	2 000 元
灌浆料+搅拌+试块预留(20 元/个)	1 000 元	200 元
合　计	24 200 元	11 700 元

6.3　高精度测垂传感尺

6.3.1　研发背景

对于竖向承重构件来说,其垂直度误差越小,则竖向附加偏心距越小,受力性能也越好。随着预制装配式建筑中大量竖向承重结构(如剪力墙、柱)逐渐开始预制化,随着清水混凝土结构的进一步推广,竖向构件的垂直度精度要求也越来越高。

目前,传统预制装配式建筑的预制构件安装过程中,垂直度测量与控制一般使用垂直检测仪(又名 2 米靠尺)。靠尺是利用物体的重心向下以及直线平整的原理,若中心线的线锤与中心线重合时,则所测对象垂直相交;若线锤与中心线不重合,则所测对象倾斜一定角度。靠尺的检测精度仅为±7/1 000 左右,测量精度较低。此外,靠尺检测容易出现操作不规范、不便利等问题,极易影响检测结果和检测效率。项目管理人员又无法对每层预制构件垂直度检测结果进行有效监控和复核,无法及时发现问题。

因此,上海建工二建集团研发了装配式建筑高精度测垂传感尺,用于测量装配整体式混凝土结构中预制构件的竖直立面垂直度,并搭建基于物联网的预制构件安装高精度可视化实时检测系统,提升了预制构件安装精度质量管理效率,并为建筑工程、装潢装修、桥梁建造、设备安装等施工及竣工质量检测等提供便利。

6.3.2　传感尺本体的研发

装配式建筑高精度测垂传感尺,如图 6-32、图 6-33 所示,传感尺全长 1.24 m,设备中部为核心操作区域,该区域主要分为传感模块①、专用电源模块②。在传感模块上具有显示区域,操作人员可在该处直接读取数据。传感尺两侧为墙面接触座③,接触座用于在测量时与被测立面接触。

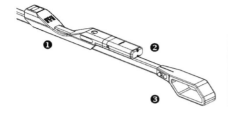

图 6-32　高精度测垂传感尺结构示意图　　　　图 6-33　高精度测垂传感尺实物图

传感尺本体设计,主要目的是实现 1/1 000～1/600 的测量精度,同时要保证传感尺操作的便捷性。在传感器本体设计过程中,主要考虑以下部分。

1. 传感尺定位面

传感尺的定位面,需要完全与被测平面贴合,这样才能保证被测平面的准确定位。因此,在传感尺与被测平面的接触定位中,采用了"三点定位"的原则,以保证施工操作人员能够在使用过程中迅速定位接触平面,传感尺现场使用,如图 6-34 所示。

2. 传感尺铰接定位

为了施工现场携带及操作简便性,传感尺设计为总长 1 m、2 m 两种可调规格,因此设计铰接位置使传感尺能够实现规格切换。根据传感尺的使用要求,铰接位置转换固定必须具有重复性,且现场固定可靠。设计中采用定位滑块设计,利用传感尺本身的滑槽,实现对于传感尺铰接打开后的定位,并用固定手柄对其施力压紧。

图 6-34　高精度测垂传感尺

3. 传感尺配套程序的研发

考虑到目前现场监理人员的操作需要,以及数据采集的可靠性要求,传感尺的研发将对数据的无线实时监控进行设计。因此,依据工程设计的传感尺,除尺体上自带的显示仪表之外,还设计了一套能够适用于 Android 操作系统的应用程序,用于对传感尺的读数进行无线监测。这样方便现场监理人员了解传感尺实时检测情况,实现了对预制构件垂直度的远程监测,同时也方便数据的记录。软件操作界面如图 6-35 所示。

6.3.3　传感尺技术指标

高精度测垂传感尺的主要技术指标见表 6-6。

图 6-35　应用程序操作界面

表 6-6　高精度测垂传感尺技术指标

名　　称	技　术　指　标
测量范围	$\pm 10°$
分辨率	$0.001°$
测量精度	$0.057°$
工作温度	$-10\sim 50℃$
外形尺寸	42.5 mm×76.5 mm×1 240 mm
重量	2.5 kg
电源	专用电池模块

6.4　隐蔽工程检查内窥镜

6.4.1　研发背景

　　由于装配式混凝土结构具有"构件预制、节点后连接"的特性,其后连接部位(如灌浆套筒、叠合构件结合面等,图6-36)所示的问题通常较为隐蔽,连接质量检测难度高,对装配式建筑的结构安全产生了较大的不确定性影响。

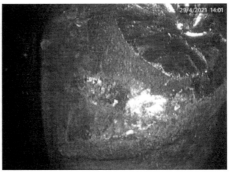

图 6-36 套筒灌浆质量缺陷

为此,上海建工二建集团研发了用于检查、验收隐蔽工程的内窥镜,实现隐蔽工程施工质量检测的可视化,有效发现、分析和弥补工程建设中的质量问题,保证装配式建筑工程的质量安全。

6.4.2 设备介绍

如图 6-37 所示,内窥镜由显示屏、探头等部件组成。拍摄到的画面可实时传输至显示屏上,并可进行拍照、变焦、数据保存等多种操作,便于现场状况的储存和记录。

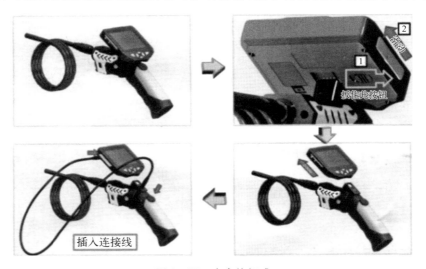

图 6-37 内窥镜组成

内窥镜的探头体积小巧,自带照明功能并配备有可伸缩杆件,如图 6-38 所示。内窥镜的探头可伸入工程中的大多数接缝、孔洞或隐蔽工程处(图 6-39、图 6-40),可适用于大部分装配式建筑施工工况的检查、验收,很好地满足了装配式混凝土结构节点连接部位的质量管控要求,实现了隐蔽工程施工质量的可视化检查,进一步保证了装配式混凝土结构工程的质量安全。

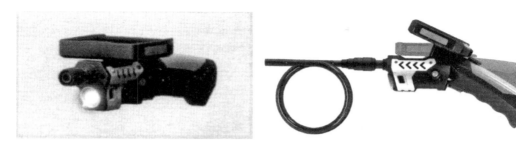

图 6-38　内窥镜探头

图 6-39　套筒灌浆现场检测

图 6-40　隐蔽工程现场检测

6.4.3　设备使用说明(图 6-41)

图 6-41　新型内窥镜使用说明

6.5 可折叠工具化抛网

6.5.1 研发背景

装配式建筑无脚手架施工技术是一种绿色、高效和经济的创新技术(第2章)。依据规范规定,装配式建筑无脚手建造体系需要设置外立面安全防护抛网,以便有效降低高空坠物对地面施工人员的安全隐患。然而传统抛网的安装流程繁杂,耗费大量人力,需要在预制构件中预埋大量的连接固定件,且无窗区域难以安装。针对以上问题,上海建工二建集团开展了可折叠工具化抛网的研究与应用,助力装配式建筑无脚手施工体系的推广,如图6-42、图6-43所示。

图6-42 施工防护安全网   图6-43 安全操作围挡

6.5.2 可折叠工具化抛网的组成

可折叠工具化抛网由水平架体和网体组成,其中水平架体由若干悬挑杆件平行间隔拼接组成,悬挑杆件由两段标准杆件按纵向依次活动连接而成。网体铺设于水平架体上表面,网体的四周与水平架体的四周固定连接,并使得悬挑杆件连接成一体。水平架体与预制装配式建筑外墙的夹角为 α,$70° \leqslant \alpha \leqslant 80°$。靠近悬挑杆件自由端的标准杆件能够在重力作用下向上翻折,从而带动网体向靠近预制装配式建筑外墙的一侧收回,保证坠物落在安全防护抛网内,如图6-44所示。

6.5.3 可折叠工具化抛网现场试验研究

可折叠工具化抛网安装过程如图6-45所示。具体为:
第一步,将拼装好的可折叠工具化抛网折叠,两端用钢索固定住。

图 6 - 44　装配式建筑可折叠工具化抛网

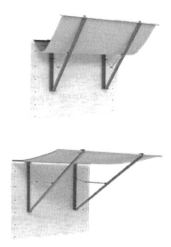

图 6 - 45　可折叠工具化抛网的现场安装

　　第二步,使用塔吊采用两点起吊,将可折叠工具化抛网吊至需要安装的位置。

　　第三步,采用人字梯,工人使用扳手将可折叠工具化抛网固定在预制外墙标高调节螺栓点的对应位置。

　　第四步,解开塔吊绳索,解开固定钢索,将外横杆向外推出张大范围,可折叠工具化抛网安装完毕。

　　为了验证可折叠工具化抛网的防护能力,在浦东三林镇某装配式住宅项目施工现场进行了可折叠工具化抛网的坠落冲击试验,如图 6 - 46、图 6 - 47 所示,100 kg 的假人从 4 层楼高度处坠落冲击可折叠工具化抛网,以验证抛网架体结构、安全网、架体挂点的安全性与稳定性。

　　经过现场测试,可折叠工具化抛网张开面积为 4.2 m²,抛网与墙面夹角达到 74°,防护

图 6－46　可折叠工具化抛网现场试验布置

图 6－47　可折叠工具化抛网现场试验

承载重量可达 100 kg，双层防护网网目的密度为 1 000 目/100 cm²。通过紧贴建筑外表面可形成一圈全包裹可折叠工具化抛网，实现对高空坠物的全面防护，在具体的施工过程中拆装方便，节省资源。可折叠工具化抛网的创新性在于抛网与预制外墙板的巧妙连接，避免在预制外墙上开孔打洞，在楼层内可以进行安装，避免高处作业的安全风险。可折叠工具化抛网的研究与应用，能够提高装配式建筑无脚手体系施工的安全性，助力无脚手施工技术的推广。

6.6　智能淋水机器人

6.6.1　研发背景

在装配式建筑的施工中,外墙防水一直是其中的薄弱环节。一旦处理不当,极易导致渗水、漏水现象,不仅会影响工程的整体质量,而且会导致返工,增加修复成本。上海的台风、暴雨等灾害逐年增加,外墙渗漏会造成极大的经济损失和社会影响。《上海市装配整体式混凝土建筑防水技术质量管理导则》《建筑防水工程现场检测技术规范》(JGJ/T 299—2013)、《建筑门窗工程检测技术规程》(JGJ/T 205—2010)、《建筑外墙防水工程技术规程》(JGJ/T 235—2011)等规范都要求总包单位必须对外墙进行淋水试验,如图 6‑48 所示。

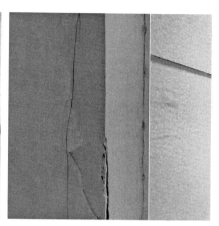

图 6‑48　备受关注的外墙渗漏问题

常规的淋水试验采用 PVC 布管的方式(图 6‑49),存在淋水压力小、水量少、淋水时间不满足等问题,导致淋水试验流于形式,且无窗区域、预制拼缝、悬挑、窗缝等重点加强淋水部位难以被覆盖。这是由于目前外墙质量验收没有严格按照设计标准去检测建筑物外墙在极端气候下的防渗漏性能,得到的结论无法准确反映外墙的防水质量,为其后续使用埋下了隐患。

针对装配式建筑外墙的淋水试验,研发团队研发了智能高压淋水设备替代传统的PVC 布管,通过控制智能提升、移动喷淋、远程控制、实时监测(淋水压力、水量、时间等)和淋水循环等,实现高压、高效、智能和经济的效果,使得淋水效果能达到台风雨环境的要求,从而为评估装配式建筑外墙防渗性能提供可靠依据。

6.6.2　智能淋水机器人的研发

智能高压淋水机器人研发依托国家重点研发计划"装配式混凝土建筑主体结构质量

图 6－49　PVC 布管常规淋水试验

智能检测监管关键技术与示范"（2022YFF0609200），已申请和授权技术专利 14 项。通过智能水泵、智能提升、越障装置、姿态控制、智能操控、实时监测（淋水压力、水量和时间等）等，实现高压、高效、智能淋水。

如图 6－50 所示，研发团队研发了智能高压淋水设备，主要用作外墙大面积首次淋水，淋水长度范围为 2～6 m。通过大量的水压试验，确定淋水喷嘴孔径 1.5 mm，供水管采用 2 MPa 耐压软管。喷淋分为上排喷淋头（12 个）、下排喷淋头（12 个）和竖向移动喷淋头（7 个），前端喷淋管可依据淋水部位改变造型，设置可调整 10 cm 的柔性喷头（图 6－51），越障轮可越障 1 m 高，其柔性轮胎可保护建筑墙面。其中，对装配式建筑预制构件的水平缝和竖向缝、窗框针对性进行淋水，如图 6－52 所示。

智能淋水设备利用智能设备、智能物联等技术模拟台风暴雨。根据淋水层高度以及设备与墙面的距离，结合水压传感器的反馈数值，用户实时远程调整智能水泵的压力，智能调节淋水压力范围为 0.3～0.6 MPa（规范 0.3 MPa），同时智能控制耗水量，使其保持在 3～6 L/（m² · min）的范围之内［规范 3 L/（m² · min）］。通过摄像头可监控工作实况，确保淋水到位，实现淋水全覆盖。

基于自主研发的 PLC 模块实现一对多点物联，研制数字多屏远程智能淋水操控平台 ZLS－IDOS2023（图 6－53），实现吊装升降、水泵控制、滑台移动、数据检测（水压、水量和时间）、报警记录等功能。系统采用增强 LORA 信号无线传输，处理速度快，操作性能稳定。

图 6‑50　智能高压淋水设备

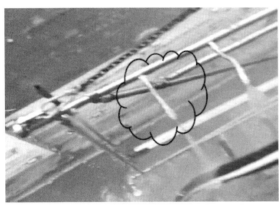

图 6‑51　柔性喷头

图 6‑52　智能淋水试验现场

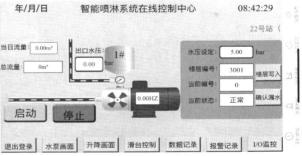

图 6‑53　智能淋水在线操控平台

　　如图 6‑54 所示,开发移动端手机 App,管理员可对淋水操作和淋水参数进行远程控制,电子屏可实时显示水压、水量和时间数据,并在后台记录和存储,实现过程的有效管控。

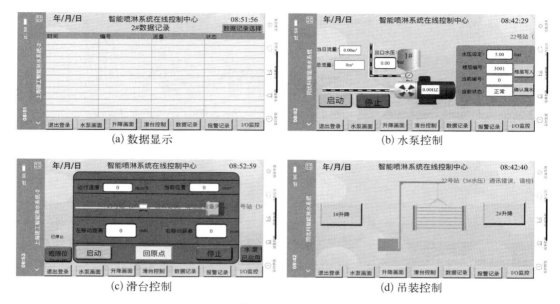

(a) 数据显示　　　　　　　　　　　　(b) 水泵控制

(c) 滑台控制　　　　　　　　　　　　(d) 吊装控制

图 6-54　智能淋水在线操控平台手机 App

　　在智能淋水设备 ZLS-01 的基础上,研发了智能淋水机器人 ZLS-02,主要用作复淋或加强淋水,对修补过的渗漏点再次检测。如图 6-55 所示,智能淋水机器人 ZLS-02 由两台智能微型泵、智能滑台、喷淋装置、防撞滑轮、PLC 控制模块、水压传感器等集成,可由智能在线操作平台或 App 移动端进行远程实时控制。其淋水压力可达 1.2 MPa,最大耗水量为 3 m³/h,淋水试验现场如图 6-56 所示。

图 6-55　智能高压淋水机器人

图 6-56　智能淋水机器人淋水试验现场

　　外墙全面淋水试验在外窗安装完毕,精装修进场前进行,采用智能淋水设备进行全面淋水检查,采用智能淋水设备对渗漏部位加强淋水,可实时显示水压力、水量和淋水时间,便于控制淋水参数和淋水过程,保证淋水效果,有效模拟台风、暴雨等极端天气水压的影响,并提高淋水效率,缩短淋水试验时间,如表 6-7 所示。

表 6-7　智能淋水与常规淋水功能对比表

	功 能 点	高压智能淋水设备	传统淋水设备
产品功能对比	淋水水压	0.3~1.2 MPa 以上	0.1 MPa 以下
	淋水时长	2~4 h	8~12 h
	设备操作	自动化淋水	每层需人工布管
	施工人员	2 人/楼栋	8 人/楼栋
	淋水范围	全覆盖	局部难以覆盖
	数字显示	实时显示	无
	智能化程度	高	无
	淋水效果	模拟每年台风暴雨	常规雨水

6.6.3　工程应用效果

　　智能高压淋水机器人已成功应用于中法航空大学 EPC 工程项目及浦东三林镇 0901-14-03 动迁安置房地块项目,取得了良好的经济效益与社会效益,具有广阔的推广应用前景(图 6-57)。

图 6-57　智能淋水设备三林镇项目(左)和中法航空大学项目(右)工程应用

1. 三林镇 0901-14-03 动迁安置房地块项目

三林镇 0901-14-03 动迁安置房地块项目位于上海市浦东新区三林镇。项目总建筑面积约 44 200 m²,其中地上总建筑面积约 32 530 m²。工程由 3 栋 20～27 层高层住宅、1 栋 3 层配套公建、1 栋街坊站、1 栋门卫、1 栋垃圾房和 1 个地下车库组成。

本工程在外墙施工完成后采用智能高压淋水机器人,包括智能高压淋水设备(智能初淋设备、智能复淋设备)、智能淋水在线操作平台、柔性智能吊装设备、转角滑轮、临时姿态加固装置等,通过采用智能高压淋水机器人检测施工工法,模拟台风暴雨天气,检查外墙、门窗是否有渗漏水现象发生,提高了淋水检测效率,取得了满意的成果。

2. 中法航空大学 EPC 工程项目

中法航空大学 EPC 工程项目位于杭州市余杭区,瓶仓大道以东、规划李家港路以南、规划紫滕路以西、规划嵩山路以北区块。总建筑面积约 769 500 m²,其中地上建筑面积约 618 000 m²。另设半地下室 101 500 m²,地下室 50 000 m²。共有 22 个单体建筑。

工程使用智能高压淋水机器人进行建筑渗漏检测,提前发现建筑外墙潜在的渗漏问题,及时进行修复,从而提高建筑工程的质量和安全性。同时,它还可以实现精细化管理,实现对整个检测过程的全面掌控。

6.7　基于 BIM 技术的装配式项目智慧管理云平台

为了联动项目参与各方,发挥 BIM 模型的价值,将项目的 BIM 模型载入轻量化显示平台,在三维层面展示当前建筑物和内部设备状态,业主、总承包单位、各专业设计团队及构件厂均可通过平台上传和下载各自所需模型,使深化设计实现信息化管理,消除后期因图纸原因造成的返工。

建立项目构件库,实现图纸、钢筋、预埋件等信息的无缝对接,可根据构件设计型号直接在 BIM 模型上定位(图 6-58、图 6-59)。

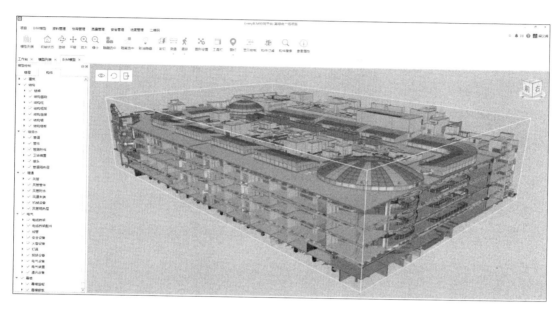

图 6-58 项目的 BIM 模型

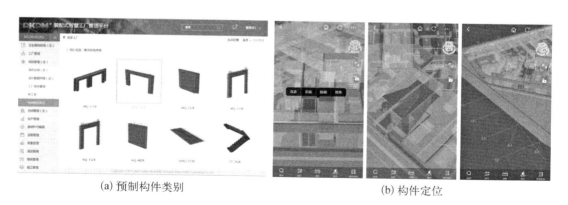

(a)预制构件类别   (b)构件定位

图 6-59 预制构件的模型定位

建立预制构件管理信息平台,从构件厂开始,对预制构件的原材料、制作、出库、构件装车运输、施工现场验收以及构件安装等全流程进行信息跟踪追溯(图 6-60)。

将构件施工的定位、垂直度等数据上传到管理平台,便于项目部对预制构件施工数据进行汇总。在采用智能灌浆机进行灌浆的过程中将智能灌浆机的压力、流量数据上传至

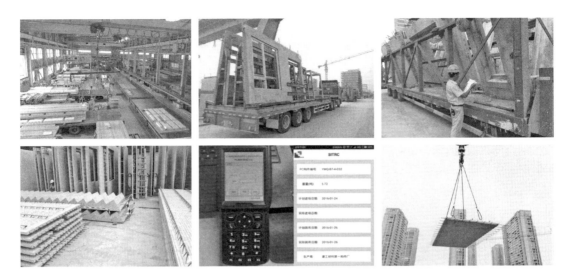

图 6-60　基于 BIM 技术的 PC 构件全生命管理云平台

管理平台,便于实时观测和控制。通过信息平台与现场的实时交互准确反映实际的施工状况,使整个装配式施工过程高效、可控和可追溯(图 6-61、图 6-62)。

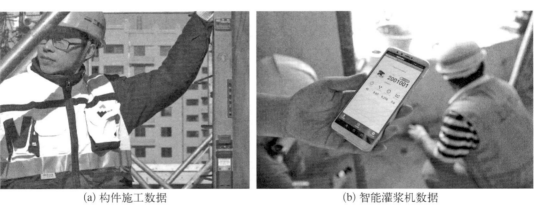

(a) 构件施工数据　　　　　　　　(b) 智能灌浆机数据

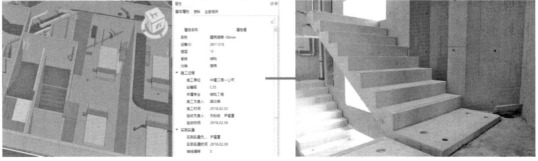

(c) 实际施工情况与模型的连接

图 6-61　预制构件施工质量管理信息化

图 6‑62　基于 BIM 平台的预制装配式施工技术

基于 BIM 平台模拟预制装配式施工工艺,对可能出现的问题进行排查和预先控制,减小施工风险,提升施工质量和施工效率,有效保障施工顺利进行,如图 6‑58 所示。

针对预制构件连接的钢筋套筒灌浆质量控制,基于 BIM 平台研发了智能灌浆机管理平台,如图 6‑63 所示,可显示灌浆机使用情况、灌浆材料统计、灌浆工情况、灌浆数据和记录,有效进行灌浆的质量管理和控制。

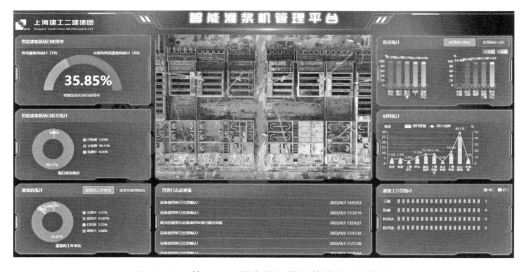

图 6‑63　基于 BIM 平台的钢筋套筒灌浆质量控制

通过信息平台的智能建筑运维中心实时显示 BIM 进度模型、工程概况、人员信息和进度计划;通过视频监控和巡检拍照上传到云平台对施工隐患进行实时排查;显示现场的构件堆载情况和套筒灌浆检测数据,为施工进度提供保障;显示项目的督导问题,并对设备隐患进行报警(图 6-64)。

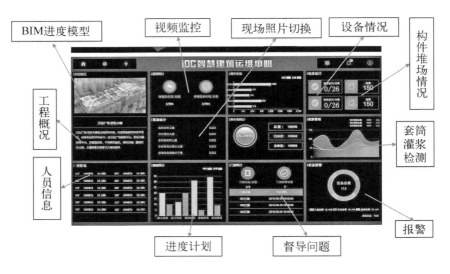

图 6-64　智慧建筑运维中心

为便于项目各方单位协同管理,建立总包管理的信息化平台,各单位管理人员可及时反馈施工过程中的各种问题和信息,工程在施工过程中通过计划板块整合一定时间内各专业的施工计划,并将后期的构件进场和材料进场等计划在平台中发布给各单位,提高工作沟通效率(图 6-65)。

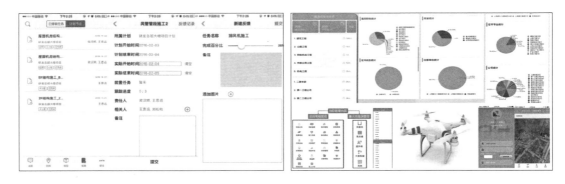

图 6-65　总包管理信息化平台

通过项目信息化管理平台全面监督和管理项目实施过程,保障项目的实施。实现电子方案线上审批,有效缩短方案审批时间,提高工作效率。结合现场监控技术,方便管理人员掌握现场施工进度及安全文明落实情况(图 6-66)。

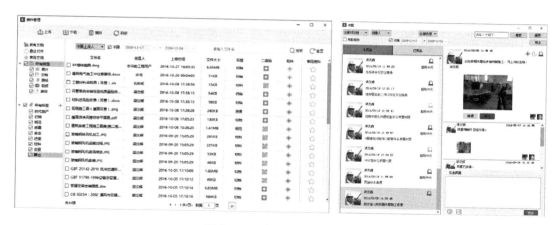

图 6 - 66　项目管理信息平台

6.8　预制装配式结构施工技术实训基地

　　为了提高施工人员对装配式结构施工专业化水平，上海建工二建集团联合上海建峰职业技术学院在 2015 年创办了预制装配式结构施工技术实训基地，如图 6 - 67 所示。该

图 6 - 67　装配式实训基地示意图

基地是上海市首家建筑工业化工人培训中心，是上海市唯一被人社局、上海职业技能鉴定中心认可的装配工人培训基地，具有预制混凝土构件装配施工（专项职业能力）鉴定资格。自主编制了《装配整体式混凝土建筑施工技术》等系列教材和培训讲义，培养了一大批产业化工人。

实训基地占地面积 2 848 m²，由装配式结构体系展示区域、装配式 VR 教学教室、装配式施工实训基地、3D 打印和扫描实验室、装饰装修样板区、安装工程样板区、专业工种考核区和室外实物展示区等部分组成，如图 6-68 所示。装配式 VR 教学教室可满足 1 台主机同时带领 20 台学员 VR 设备学习装配式结构体系的施工工艺，深入体验 PC 构件安装过程，如图 6-69 所示。

(a) 微缩实体模型展示区

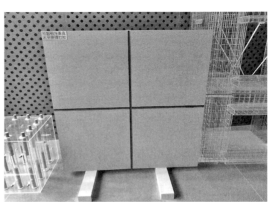

(b) PC构件拼缝打胶模型

(c) 灌浆套筒施工工艺模型

(d) PC结构体系模型

图 6-68　PC 体系展示区域

基于预制装配式结构施工技术实训基地进行上海市装配实训和考核，支持同时 4 人进行装配职业技能考试，包括构件进场检查、起吊、安装等环节，如图 6-70—图 6-73 所示。

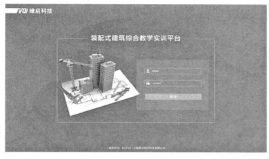

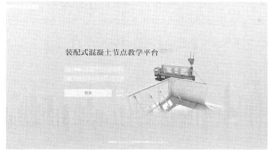

图 6‐69　装配式 VR 实训平台

图 6‐70　装配式施工考核区域

图 6‐71　各工种考核区域

图 6‐72　装配式施工沙盘展示区

图 6‐73　装配式施工室内吊装区

通过预制装配式结构施工技术室外实训基地的实操教学,系统学习预制构件吊装、安装、灌浆和打胶等施工工艺,直观了解装配式建筑的施工方法,如图 6-74、图 6-75 所示。

图 6-74　装配式混凝土结构施工实训基地

图 6-75　室外装配式实物展区

第 7 章 结 论 与 展 望

7.1 结论

（1）本书首创了预制夹心保温外挂墙板体系 PCTF，结合企口设置、窗框预埋和单边支模等，杜绝了外墙渗漏的质量风险，实现了外墙免抹灰施工。研发了螺栓剪力墙干式连接技术，实现了剪力墙钢筋免套筒连接。研发了高层住宅建筑无脚手建造成套技术，发明了多功能新型安全操作围挡、可折叠工具化抛网等设备，取消了传统施工中的外脚手架，巧妙地利用板块间连接形成封闭围挡体系，绿化、道路等室外工程可与主体结构同步施工。PCTF 体系在周康航拓展基地 C-04-01 地块、浦东三林镇 0901-13-02 地块等住宅项目中进行了工程应用，结果表明：PCTF 装配结构体系实现了"三免"目标，加快了施工进度，保证了施工质量，而且节能节材、绿色低碳，具有明显的技术优势和经济效益。

（2）本书揭示了钢筋与 UHPC 材料间的黏结应力与钢筋自由端滑移量的规律，首次提出了装配式建筑钢筋搭接长度 $10d$ 的建议设计值，发明了基于 UHPC 连接的预制构件钢筋"直锚短搭接"技术；发明了基于 UHPC 的两种新型预制装配式框架结构体系，实现了"强节点、弱构件"的设计目标；发明了基于 UHPC 的新型预制装配式剪力墙结构体系，应用 UHPC 后浇的钢筋短连接技术，实现了"预制等同现浇"的设计目标。

（3）本书首创了基于 UHPC 连接的新型装配式框架结构体系 PCUS，形成了"梁柱二维节点预制＋构件预制＋后浇段 UHPC 连接"的结构体系，成功应用于上海市白龙港地下污水处理厂、金山枫泾海玥瀜庭等项目中。结果表明：PCUS 结构体系大大降低了装配式结构深化设计难度，提高了现场安装效率，可实现框架结构 5 天一层的施工效率。施工质量安全可靠，工程现场施工人数减少 60%，经济优势明显。

（4）本书首创了基于 UHPC 连接的钢板桁架双面叠合剪力墙结构体系 SPDW，构件轻量化、节点形式简单化、施工便捷化。该体系双面叠合剪力墙底部 UHPC 后浇段中的钢筋搭接长度为 $10d$，有效降低了预制剪力墙构件悬空的高度；相比于实心预制构件，单个预制构件重量减轻了 70% 以上，便于现场采用塔吊进行驳运及吊装，降低了施工难度，节省了吊装费用，体现装配施工优势及经济优势；使用登高车配合无支撑操作架，具有周转次数多、减少材料浪费、降低施工成本等优点，同时避免了高支模、高排架等重大危险源。该体系成功应用于上海市竹园地下污水处理厂四期项目,结果表明:SPDW体系在大型地下空间结构中应用具有较高的技术优势、施工优势和经济优势,加快了施工速度,提升了整体工程施工质量和安全建造水平。

(5)本书研发了新型工业化建造智能施工系列设备,包括钢筋套筒智能灌浆机、高精度测垂传感尺、隐蔽工程内窥镜、可折叠工具化抛网、智能淋水机器人等;开发了装配式建筑项目信息化管理平台,如基于BIM技术的装配式项目智慧管理云平台、基于BIM平台的钢筋套筒灌浆质量管理平台、装配式建筑智慧建筑运维中心平台等;通过智能设备和信息化平台的赋能,提升装配式建筑建造效率,实现了施工全过程的信息化综合管理,保证了项目在安全、质量、成本、工期等方面的控制,可实现装配式建筑的精细化管理目标。最后介绍了装配式混凝土结构施工实训基地,进行装配式VR培训和装配式建筑施工工人考核等,为装配式建筑发展提供专业化人才培养提供了支持。

7.2 展望

1. 污水环境中 UHPC 与混凝土结合面耐久性研究

创新研发的基于 UHPC 的新型装配式框架结构(上海市白龙港地下污水处理厂,PCUS结构体系)和新型装配式剪力墙结构(上海市竹园地下污水处理厂,SPDW结构体系)已成功应用于地下工程工业化建造场景,尤其是水务工程地下结构。水务工程构筑物通常面临污水侵蚀等病害,目前,UHPC 与预制混凝土构件结合面的耐久性还缺乏系统性研究,需开展污水环境中 UHPC 与预制混凝土构件结合面的力学性能、微观形态和耐久性试验研究,建立耐久性服役全寿命预测模型,并提出耐久性提升设计方法,如图 7-1 所示。

图 7-1　UHPC 与预制混凝土构件结合面的耐久性研究

2. 基于 UHPC 连接的预制叠合地下连续墙技术研究

传统地下连续墙以现浇为主,水下浇筑混凝土易出现气泡孔、墙体夹泥砂、钢筋裸露等问题,会出现更多渗流路径,极大地削弱了地下连续墙的抗渗性能。预制叠合地下连续墙(图 7-2)具备工程周期短、施工过程占地面积小、墙体浇筑质量好、无规则渗漏减少、绿色环保等优势,但是其自重、尺寸过大导致墙体吊装、垂直度控制困难,而且连接节点强度问题和抗渗问题难以解决。

后续应进行基于 UHPC 连接的预制叠合地下连续墙技术研究,考虑轻量化、竖向节点、水平节点、混凝土保护层、预应力和经济性等因素下叠合地下连续墙截面形式进行设计,并对受力状态进行可行性研究,包括螺栓验算、吊装验算、混凝土浇筑侧压力承载力计算和工作阶段截面验算等,如图 7-3、图 7-4 所示。

3. 预灌胶套筒钢筋新型连接技术

根据工程实际应用需求,研发一种新型预灌胶套筒连接技术,先将环氧锚固胶提前注入套筒,在对预灌胶式套筒结构进行施工时,再将带肋钢筋插入套筒。待多余浆液流出后盖上溢浆孔封套。灌注胶相对于灌浆料而言流动性更好,初凝时间更短,灌注方便,质量易保证。该连接技术不仅能简化灌浆套筒施工工艺,还能提高灌浆套筒施工效率,保证灌注饱满度,具有施工简便、质量可控等优势,同时还可减少吊装安全隐患,具有很好的应用前景(图 7-5)。

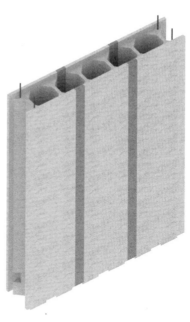

图 7-2　预制叠合地下连续墙示意图

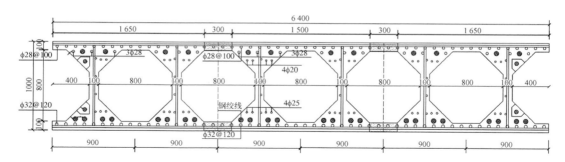

图 7-3　预制地下连续墙截面设计

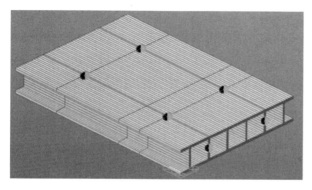

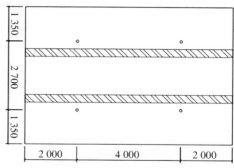

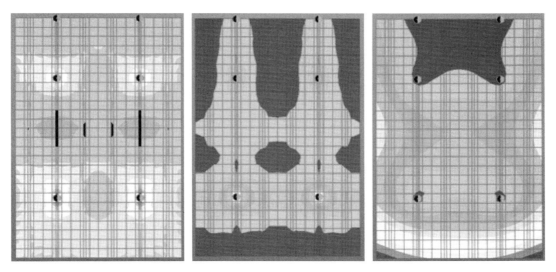

图 7 - 4 预制地下连续墙受力可行性分析

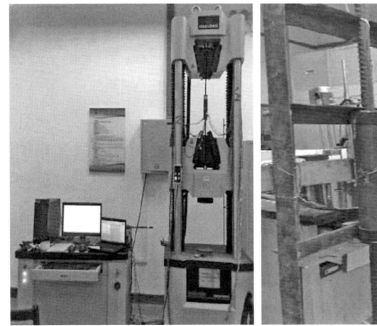

图 7 - 5 预灌浆套筒试验研究

4. 高性能混凝土(UHPC)回弹设备

UHPC 的抗压强度可达 120 MPa,而现有普通回弹仪仅适用于 C50—C90 混凝土的强度检测,且现有高强回弹仪体积、重量都较大,不适宜在室内检测使用。因此应突破普通回弹仪测量范围的限制,建立超高性能混凝土的测强曲线,研发操作简便、轻量化的 UHPC 强度检测回弹仪。

基于现有普通回弹仪和混凝土超声波仪，形成高强混凝土测强曲线，证明回弹仪和超声波测量的可行性，改良 HT－3000 回弹仪，实现测量上限不小于 170 MPa，并在实际工程中开展混凝土的回弹试验以测试其可行性。

参 考 文 献

［1］李岳岩，陈静.建筑全生命周期的碳足迹［M］.北京：中国建筑工业出版社，2016.

［2］罗智星.建筑生命周期二氧化碳排放计算方法与减排策略研究［D］.西安：西安建筑科技大学，2016.

［3］都业洲.我国建筑工业化发展现状及未来对策思考［J］.公路，2021，66（8）：284-288.

［4］刘凯，王鑫，薛俊柏，等.国内外装配式建筑发展现状对比及对策研究［J］.工程建设，2021，53（7）：19-24.

［5］薛伟辰，胡翔.上海市装配整体式混凝土住宅结构体系研究［J］.住宅科技，2014，34（6）：5-9.

［6］SU Y，WU C，LI J，et al. Development of novel ultra-high performance concrete：from material to structure［J］. Construction & building materials，2017（135）：517-528.

［7］张永涛，田飞.预制桥面板UHPC-U形钢筋湿接缝受力性能试验研究［J］.桥梁建设，2018，48（5）：48-52.

［8］钟扬，吴锋，戴磊.超高性能混凝土湿接缝梁抗弯性能试验［J］.水运工程，2020（7）：41-46.

［9］李鹏，郑七振，龙莉波，等.钢筋埋长对超高性能混凝土与钢筋黏结性能的影响［J］.建筑施工，2016，38（12）：1722-1723，1729.

［10］冯军骁，郑七振，龙莉波，等.以UHPC材料连接的预制装配梁受弯性能试验研究［J］.建筑施工，2016，38（12）：1714-1717.

［11］彭超凡，郑七振，龙莉波，等.以UHPC材料连接的预制柱抗震性能试验研究［J］.建筑施工，2016，38（12）：1711-1713.

［12］谢思昱，郑七振，龙莉波，等.以UHPC材料连接的装配式框架节点抗震性能试验研究［J］.建筑施工，2016，38（12）：1718-1721.

［13］马跃强，龙莉波，郑七振.基于UHPC的预制装配式节点新型连接与结构体系创新研究［J］.建筑施工，2016，38（12）：1724-1725.

［14］郑七振，农德才，龙莉波，等.基于超高性能水泥基复合材料连接的预制装配式混凝土剪力墙抗震性能试验研究［J］.建筑结构，2022，52（6）：1-9，60.

[15] 李冬,吕鸣鹤.装配式地下结构发展技术综述[J].科技与创新,2019(20)：136－137.

[16] 龙莉波,马跃强,戚健文,等.装配式螺栓连接剪力墙施工技术的研究与应用[J].建筑施工,2016,38(9)：1234－1236.

[17] 肖阳功杰,朱生溪,李佳荣,等.智能机器人在装配式建筑中的应用分析[J].智能建筑,2021(1)：65－67.

[18] 陈丰华.探索建筑智能制造在装配式建筑中的应用[J].建筑科技,2021,5(3)：93－95,99.

[19] 薛伟辰,古徐莉,胡翔,等.螺栓连接装配整体式混凝土剪力墙低周反复试验研究[J].土木工程学报,2014,47(S2)：221－226.

[20] 马跃强,何飞,赵波,等.预制装配式建筑防水技术研究及工程应用[J].中国建筑防水,2016(5)：26－29.

[21] 樊俊江,於林锋.超高性能混凝土(UHPC)在装配式建筑中的应用及质量控制指标[J].混凝土与水泥制品,2020(9)：1－4.

[22] 郑七振,让梦,李鹏.超高性能混凝土与钢筋的黏结性能试验研究[J].上海理工大学学报,2018,40(4)：398－402.

[23] 中华人民共和国住房和城乡建设部.混凝土结构试验方法标准：GB/T 50152—2012[S].北京：中国建筑工业出版社,2012.

[24] 国家市场监督管理总局,国家标准化管理委员会.金属材料　拉伸试验　第1部分：室温试验方法：GB/T 228.1—2021[S].北京：中国标准出版社,2021.

[25] 中华人民共和国住房和城乡建设部,国家市场监督管理总局.混凝土物理力学性能试验方法标准：GB/T 50081—2019[S].北京：中国建筑工业出版社,2019.

[26] 郑七振,刘阳阳,龙莉波,等.超高性能混凝土连接的装配式现浇混凝土框架抗震性能[J].工业建筑,2019,49(10)：85－91.

[27] 刘阳阳,郑七振,龙莉波,等.构件预制＋UHPC后浇节点装配式钢筋混凝土框架抗震性能研究[J].中国水运(下半月),2019,19(5)：222－224,262.

[28] 夏鑫磊,卢辰,许大鹏.基于UHPC连接的装配式墙体结构性能试验研究[J].特种结构,2022,39(2)：22－28.

[29] 龚永智,况锦华,柯福隆,等.UHPC连接的装配式剪力墙节点抗震性能试验[J].吉林大学学报(工学版)：2022,52(10)：2367－2375.

[30] 龙莉波,马跃强,郭延义,等.新型地下污水处理厂的预制装配式结构体系[J].建筑施工,2022,44(5)：1038－1040.

[31] 张新培.钢筋混凝土抗震结构非线性分析[M].北京：科学出版社,2003.

[32] 龙莉波,马跃强,赵波,等.预制装配式建筑施工技术及其配套装备的创新研究[J].建筑施工,2016,38(3)：367－369.

[33] 张开军.国内外灌浆施工差异分析[J].施工技术,2010,39(S2)：77－79.